集客、養客、留客的魔法行銷

標靶式銷售

亞洲八大名師首席 王晴天 / 著

Precision Marketing

國家圖書館出版品預行編目資料

標靶式銷售 / 王晴天著.. -- 初版. -- 新北市 :
創見文化出版, 2020.4 面 ; 公分--

ISBN 978-986-271-878-0（平裝）

1.銷售 2.行銷策略

496.5 109000029

標靶式銷售

創見文化 · 智慧的銳眼

作者／王晴天
出版者／魔法講盟 · 創見文化
總顧問／王寶玲
總編輯／歐綾纖
主編／蔡靜怡
美術設計／ Mary
台灣出版中心／新北市中和區中山路 2 段 366 巷 10 號 10 樓
電話／（02）2248-7896
傳真／（02）2248-7758
ISBN ／ 978-986-271-878-0
出版日期／ 2020 年 4 月

本書採減碳印製流程，碳足跡追蹤，並使用優質中性紙（Acid & Alkali Free）通過綠色環保認證，最符環保要求。

全球華文市場總代理／采舍國際有限公司
地址／新北市中和區中山路 2 段 366 巷 10 號 3 樓
電話／（02）8245-8786
傳真／（02）8245-8718

[前言]

不·銷·而·銷

企業靠什麼生存？靠顧客上門，什麼讓顧客上門？是管理嗎？不是，是行銷！

世界管理之父彼得·杜拉克（Peter F. Drucker）說：「行銷的目的，在於使銷售變得多餘。是要充分認識和了解顧客，使產品或服務能真正符合顧客的需求。」他認為，企業存在的目的在於「創造顧客」，就是經營客戶，若沒有客戶，沒有行銷，就沒有現金流，沒有現金流，管理還有什麼意義？企業就無法正常營運，因此企業只有兩種基本功能：行銷與創新，其他工作都是成本。管理如果不建立在正確行銷的基礎上，只會耗費更多成本。

一個企業絕大部分成敗的關鍵取決於一個企業的行銷策略，比爾·蓋茲、馬雲……他們之所以成功，關鍵不是管理，而是行銷。不斷改善行銷才能使公司具備更優化的商業模式，一個好的行銷勝過盲目多招百位員工，寧願花時間想行銷方案、想好點子，也不盲目投資金錢，沒有顧客，所有的錢都是打水漂。例如牛根生將他的蒙牛和湖南衛視超級女聲的捆綁娛樂行銷，一年從七個億成長到二十五個億。所以公司經營管理得好帶給你一小步一小步地成長，而行銷做得好所帶來的是一飛沖天的爆炸式成長，這就是行銷的魔法。

現代行銷學之父菲利普·科特勒（Philip Kotler）對行銷的定義：「是個人和集體透過創造，提供銷售，並與別人交換價值，以獲得其所需所欲之物的一種社會和管理過程。」他認為行銷就是透過交易滿足客戶的需求和欲望；簡單說，有客戶才有市場，要能滿足客戶，他才願意以自己的資源交換對方的價值。

行銷就是——價值主張 → 價值傳遞 → 價值實現

你有一個產品或服務、或是一個團隊、公司，你有你的價值主張或價值訴求，描述了你的價值訴求之後，透過溝通，將價值主張傳遞給潛在的目標客群，所以，你要做廣告或溝通來傳遞這個價值，讓價值實現在客戶和你自己身上（售出你的產品或服務），這也就是共好（客戶擁有產品的價值，而你賺取利潤）。

隨著市場上的競爭日趨激烈，傳統的行銷 4P 有其盲點，似乎無法完全兼顧到顧客的需求，難以掌控市場的變化。菲利普・科特勒指出市場行銷從傳統的產品導向轉向了顧客導向，因為行銷最重要的是顧客，顧客有需要才會有購買。也就是從生產者角度思考的 4P，發展至站在消費者立場的 4C 行銷觀點，不要再生產你能夠生產的東西，而是要反問消費者需要什麼東西！（同理，學校不應再教學生們懂的東西，而要教學生與社會需要的知識。）21 世紀能夠生產非常好的產品已是廢話一句！不能生產優質好商品的廠商註定要被淘汰！因此，「顧客會想買什麼？」成為了行銷上的第一問句。

要讓消費者選擇你，你要清楚表達你的產品或服務能為客戶創造什麼價值，要能夠與他們產生共鳴。企業不能高高在上地自己想怎樣就怎樣，要傾聽顧客的聲音，適時修正調整，以求做出更貼近顧客需求的產品。企業不要老做促銷，更要多與顧客溝通，以建立顧客對企業和產品的好感度和忠誠度。

如果想讓顧客再消費，可以採用 4R 行銷，如下：

1. **重新設計（Redesign）→** 設計美學創意，創造獨特體驗。
2. **重新組合（Recombine）→** 重新包裝故事，創造新的價值。

3. **重新定位（Reposition）→** 企業再造、品牌再造，重新定義再出發。

4. **重新想像（Reimagine）→** 新觀念、新思維、新願景。

4 個 Re（重新），代表更好的產品、更有價值的服務、更有意義的品牌。

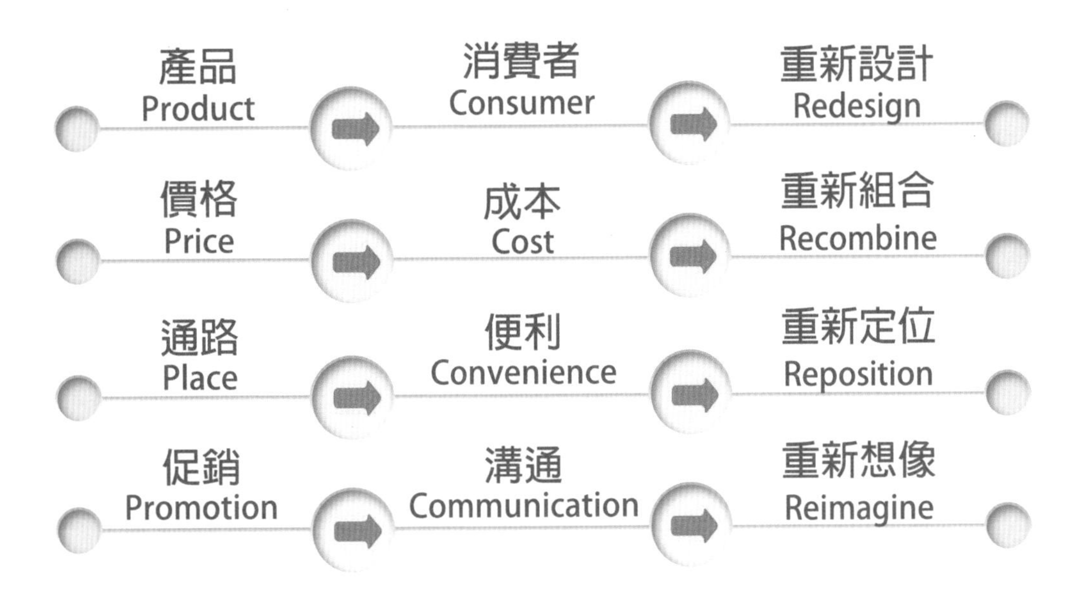

顧客導向的經濟時代

不同的顧客群有不同的欲望和需求，企業的產品必須要能帶給顧客他們所期望的利益。所以今日的行銷不僅要知道 4P，還需要進行市場細分、目標市場選擇和定位（STP），因為針對不同的客群，需要打造不一樣的價值主張。STP 之後，好找到你的目標客群，針對他們的喜好或需求去溝通，以為客戶創造價值為出發點攻心行銷。進行標靶式銷售，達到傳遞價值的雙贏模式。

在網際網路 & 大數據時代的今日，行銷的競爭優勢就是吸引客戶的注意力，占領客戶的心智，你才有機會掏空客戶的口袋。誰能夠掌控客戶的內心，激活客戶的內心，誰就能緊緊套牢你的目標客戶。

如何快速專業，精準，精確地吸引客戶，是我們行銷人員必須要思考的，其實最簡單、直接的就是行銷人員與客戶之間心與心的互動和交流。行銷的最高境界絕不是把產品「推」出去，而是把客戶「引」進來！所謂「引」進來，也就是讓客戶主動來購買。

「標靶式銷售」（Precision Marketing）的概念——就是主張充分洞察顧客，從貼近一群人變成貼近個人，利用資料分析和行為預測的技術，得知顧客是如何看待你的產品，精確知道顧客想要什麼。將客戶的利益擺在前面，在乎他們的需求，認真地為他們盡一份心，你和客戶的關係越親密，就越容易成功。

如果你不知道客戶想要的是什麼，渴望是什麼，你是很難成功對他進行行銷。但是，即使你知道這些，卻沒有使用準確有力的溝通方案、吸引他的價值，也同樣無法觸動對方的購買慾望。所以，行銷必須客製化，精確瞄準每一位顧客的個人需求。與其把預算砸在大眾行銷，不如事前挖掘顧客資料、找出顧客的愛好及消費傾向，用更緊貼需求的先進方法瞄準顧客。

行銷的最關鍵點就是建立信賴感和忠誠度，建立信賴感和忠誠度的前提是研究客戶的心理，弄明白客戶心理的真正想法及渴望，繼而解決客戶問題滿足客戶需求達到成交的目的。我們必須預先知道顧客未來三年到五年未被滿足的需求是什麼，蘋果電腦因為推出更加智能化的手機，擠下功能機時代諾基亞全球手機市佔冠軍的寶座。所以了解了客戶的喜好和需求，就找到了精準攻心的切入點。

讓顧客對你死心塌地

如何讓客戶死心塌地的選擇你？世界第一行銷之神傑・亞伯拉罕（Jay

Abraham）說：你不可能讓每個人喜歡你。你最好提出自己的 USP ——就是你的獨特賣點！哪怕是一點點不同也可以將你與別人區別開來，把自己與競爭對手區別開來，針對細分市場去做標靶式行銷，獨特賣點必須切合客戶需求，是他十分想要的，是他必須選擇你的關鍵理由，並讓他採取行動。

所以，你所做的行銷就是讓你的潛在客戶知道為什麼你是他的最佳選擇，說明得越清晰，客戶選擇你的可能性越大，標靶式銷售就是要做到「客戶沒買時知道你，客戶想買時想到你」。

菲利普・科特勒（Philip Kotler）提出的「行銷 4.0」是一種結合企業和顧客，在網路和實體世界互動的行銷方式。傳統上顧客是銷售技巧的被動接收者。在網路連結時代，需要買賣雙方積極參與，因為在未來消費者會變得非常聰明，可能不再需要銷售人員，不再需要廣告，因為網路和多元的社交平台讓消費者學到很多，了解很多。讓消費者比以往更明智，獲得更多豐富資訊。

因此口碑就更顯重要了。最有效的廣告就是來自於消費者的朋友，還有體驗過產品的這些人，消費者會很信任他們所說的經歷和體驗。

所以在數位經濟時代，如果能掌握網路連結的行銷組合 4C，從鎖定目標顧客，到取得顧客社群認可，透過社群媒體來經營忠實且長遠的顧客關係。讓滿意、受感動的粉絲與親友分享經驗，不僅達成口碑行銷，讓你的忠實客戶主動去幫你宣傳！

本書將是讓你投放準、集客快、轉換高、品牌強，將行銷力最大化的實戰祕笈！你將學會「讓顧客自己找上門」的基礎，清楚定位你的目標客群，突破客源開發的嶄新行銷策略，讓潛在消費者透過網路搜尋、社群等主動的方式自動找上門，並且藉由設計行銷路徑去做內容分析、追蹤與優化，再進行消費者分群操作，讓潛在客戶轉為付費消費者，**找定位→聚焦價值→賣認同→賺信任→讓顧客需要你**，需要到會自己找上門的吸引力！用貼近需求的方式，增加顧客參與度，達到「不銷而銷」！

CONTENTS

Part 1 集客——串聯線上線下，吸客變現

Part 2 養客——抓客群，拉新客、養熟客

CONTENTS

Part 3 留客——緊緊套牢持續回購的死忠客

Part 1

集 客

串聯線上線下，吸客變現

01 TOPIC 網路時代的消費方式

隨著科技日新月異與網際網路的發展，消費者的購物型態漸漸產生變化，現代消費者越來越講求快速方便，而網路購物節省了時間，也縮短地區之間的距離，因網路購物的普及化，只要在家動動手指按按滑鼠，就可以不分時間、地域盡情地購物。

網路購物逐漸取代傳統購物，因網路購物和傳統購物相較下有許多優勢，如消費者可不必受限於商店營業時間，而急著去買；也不必侷限地點，就算要貨比三家，也不用花太多時間來回奔走，對賣方而言，則省時又省租金。且消費者購物行為已從購物中心的展示廳，轉換到居家客廳，消費者可以在家中透過視訊、店家商品的 3D 展示、擴增虛擬實境……來選購商品、進行比價，然後線上付款，在家等貨送上門。但傳統購物，仍有其吸引力，對消費者而言，逛街買東西也是一種休閒樂趣。

在還沒有網路之前，或者更準確地說在電商興起之前，人們購物的習慣和方式是怎樣的呢？

首先，去哪裡買？也就是購物地點，無非就是自己喜歡的商場、超市，或者距離住家或公司更近的商場、超市。由於地點遠近的限制，讓購物時間也不那麼隨意，所以更多的人會選擇在時間充裕的週末才出門購物。

其次，如何購買。在商場或超市中，商家會對商品進行陳設、促銷，而消費者在選擇產品的時候也會受到服務品質、店員勸說、價格等影響，最後結合自己內心潛伏的種種欲望、期望，以及自己的品味、愛好再分析、思考、選擇，才做出購買決定。

這就是傳統的購物方式，雖然受到網路普及的衝擊，但並沒有因此而消失，現在仍有很多人選擇這種購物方式，若想買衣服，就到附近的服飾店或百貨公司；若想買日用品，就去住家附近的超市、大賣

場。歸納一下，傳統消費方式有以下幾個特點。

- **會花費消費者比較多的精力和時間。**
- **商品都是實物展示，消費者可以透過感覺和知覺（如衣服可以直接試穿）來判定商品品質的好壞，並決定是否購買。**
- **付款方式大多為現金支付。**
- **消費者在付款方面有安全感。**
- **商品種類可選擇性小。**
- **如果遇到商品品質有問題，退換貨比較方便。**

不用出門還可以比價——網購的魅力

十年前，一個人如果經常網購，他的親朋會覺得他很新潮；而十年後的今天，如果一個人從不網購，或很少網購，他身邊的人會覺得他落伍了。

網路購物是指透過網路在電子商務市場中消費和購物。在網上，省卻了逛店的精力和體力，只要點點滑鼠，就可以貨比三家，買到稱心如意、配送便捷的商品，這顯然對消費者非常具有吸引力。

網路購物的過程可分為六大階段，分別是——選擇購物網站、商品搜索選購、下訂單、線上支付、收到貨物、購後評價，如圖所示。其優勢有以下幾點。

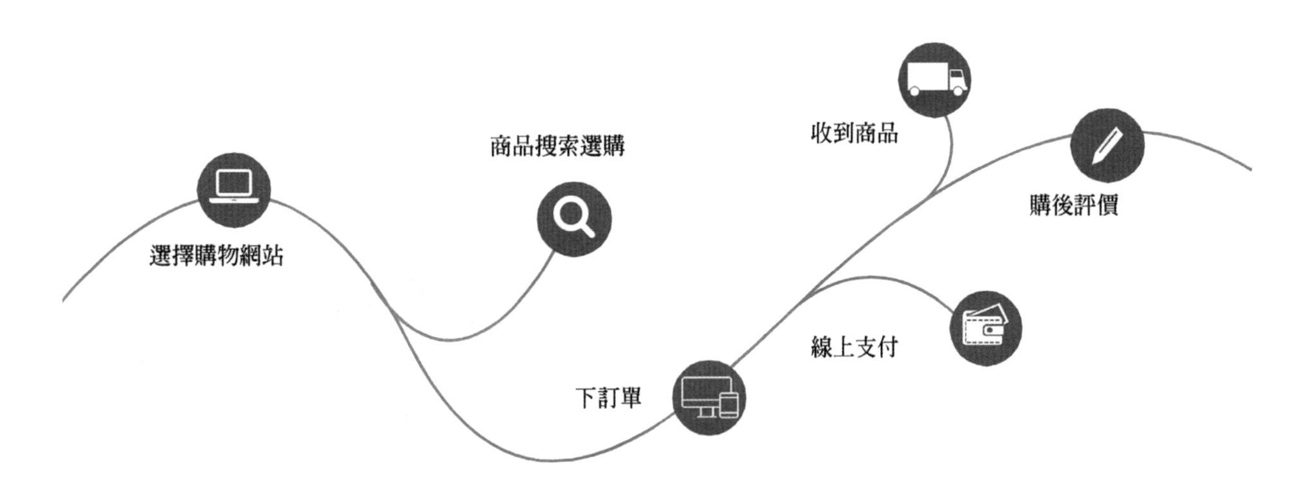

① 購物方便快捷。一台電腦、一部手機就可以輕鬆購物，免去人們花費大量時間在商場挑選商品，不僅節省體力還節省時間。

② 網上購物價格相對便宜。因為其行銷模式只有廠家、商戶、客戶這麼三級，大大降低了商品生產流通環節的成本，利潤也相對得到提升。

③ 現代物流與網路購物競相發展，物流配送速度較快，配送容量也比較大。

④ 網路支付的安全度和可信度有了大幅提升，消費者可以完全放心網購。

⑤ 網店注重口碑行銷，所以售後服務都做得相當不錯，一般都實行七天包退、十五天包換的服務等售後保障權益。

網路購物對消費者來說，能利用更多的零碎時間隨時隨地「逛街」，不受時間和空間的限制，同時獲得的商品資訊也是最全面的，能讓你有充裕的時間去對比和選擇，可以買到傳統購物模式所買不到的商品；網路購物還能保護個人隱私，內衣、內褲、成人用品、豐胸減肥產品，這些在實體店不好意思難以啟齒的商品，在網店上都能「悄悄」幫你送回家。在「新冠肺炎」疫情延燒期間，更是帶動宅經濟商機，為了防疫，民眾減少外出購物、外食，因此動動手指就有貨上門、美食送到家，令網購業績大飆升！

從下訂單、網路支付到送貨上門，這種商業模式無需消費者親臨現場，就能在家坐等收貨。同時，因為網店省去了店面租金、人工成本、水電費用等支出，網購商品價格往往低於實體店賣的價格。對新世代的消費群體來說，網路購物絕不僅僅意味著一種購物方式，而是全新的生活模式。

網路購物對於商家來說，無疑是給自己提供了一個最佳的銷售平臺，因而有越來越多的企業選擇發展電子商務，因為網上銷售經營成本低，庫存壓力小，受眾人群多且廣，產品資訊回饋及時且真實。網路銷售突破了傳統商務面臨的障礙，成為企業佔領市場的理想工具，快速成長的智慧手機使用覆蓋率，也給行動電子商務創造了更多的機會與市場。

「互聯網＋零售」是「互聯網＋」最深入人們生活，最容易改變人們消費習慣的一個領域，網路購物已成為時下民眾的消費主場。以中國「雙十一」購物為例，「雙十一購物節」是從 2009 年開始的，當年阿里巴巴的交易額只有 5200 萬，年年不斷創下歷史紀錄。2019 年阿里巴巴集團「雙 11」購物節結束，「天貓雙 11 全球狂歡節」商品成交額為人民幣 2,684 億元（約新台幣 1 兆 1541 億元），比去年成長 25.7%。

台灣傳統零售巨頭大力投入電商領域的也不少，例如統一集團投資 ibon mart、博客來，遠東 Sogo 集團投資 Gohappy，新光三越投資 Payeasy，另外大潤發、屈臣氏、康是美、漢神百貨……等大型通路也紛紛投入電子商務的行列。而行動網路的發展和普及，讓網民從 PC 端向行動終端購物傾斜，行動購物場景的完善、行動支付應用的推廣、各電商企業在行動端布局力度的加大，以及獨立行動終端平台的發展，更使得行動購物市場日益蓬勃。

另外，線上線下相融合的購物成為主流消費方式，因為有不少消費者在購買 3C 電子產品時，會先在線上研究再到實體店體驗。對消費電子產品而言，如果消費者在線上研究相關功能及規格後，又到實體店體驗，那麼購買該品牌的機率高達八成，且其中有一半的人會選擇就在實體店購買。也就是說只要消費者有興趣查找、對比價格並與他人討論，品牌商和零售商就能透過提高透明度和便捷性的線上線下購物環境來推動消費者下單購買。對消費者而言，線下線上購物的界限越發模糊，畢竟消費者想要的不過是便利、個性化、靈活和透明的購物體驗，企業應當整合網路商店與實體店的特色，引導消費者購買符合他們特定需求的產品。

以「人」為核心抓住消費者

從表面上看，傳統的消費方式和網上消費方式的區別顯而易見，無非就是價格、

便捷性、購物所花費時間等。但從本質上講，如今網路和電商大行其道，讓消費者成為產品專家，消費者甚至比生產者和銷售者更懂得產品，擁有更多的相關知識。現今，消費者不再是產品資訊的弱者，反而成了資訊的發布者、創造者、擁有者、掌控者，這就是互聯網時代下消費者的最大改變。

就拿最簡單的網購點評來講，其只是 UGC（使用者生成內容）中的一個細分。消費者在網上完成購物後，不但可以分享自己的購物經歷和感受，還可以「曬」產品、發表開箱文，這個很平常的舉動就實現了產品資訊的發布。而就是這樣眾多的評價，為其他消費者接下來的購物提供了重要的參考依據。據分析，習慣網購的消費者，有近九成的人都會先看看這個賣家或商店的評價，參考其他買家的點評內容，再決定是否要購買。

如此一來，生產者和銷售者就必須更加重視消費者，否則差評太多就會嚴重影響商品的銷售。網路的即時與公開使得資訊更加透明，生產者和消費者發布的任何一條資訊，都有可能被人們更正、批駁、揭穿或者認同、稱讚，所以企業必須要面對隨時出現的關於自己產品、品牌和銷售信譽、品質的大量資訊，如果不能恰當地回應這些資訊，那很快就會被消費者所拋棄。

現今的網路時代，身為一名行銷人，你要清楚知道你的價值主張是什麼，是否能讓消費者青睞，也就是你的產品／服務的 USP（賣點）是什麼，是否能讓消費者買單。你的獨特賣點必須切合消費者需求，是消費者十分想要的，並且是對銷售有幫助的，有足夠強大的吸引力，能讓客戶採取行動。例如：價格最低、服務最佳、品質最優……等。

行銷學者蓋瑞・阿姆斯壯（Gary Armstrong）：「行銷是為顧客創造價值，也是提升顧客生活品質的藝術。」

現代行銷學之父菲利普・科特勒（Philip Kotler）對行銷的定義：「是個人和集體透過創造，提供銷售，並與別人交換價值，以獲得其所需所欲之物的一種社會和管理過程。」他認為行銷就是透過交易滿足客戶的需求和欲望；簡單說，有客戶才有市場，要能滿足客戶，他才願意以自己的資源交換對方的價值。

行銷人所要做的事情便是影響和創造人們的欲望，並向人們指示出何種產品可以

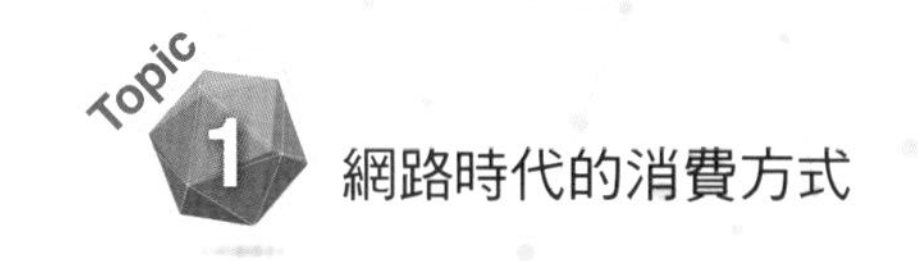

滿足其需求。

最後，筆者給行銷下了一個簡要的定義：

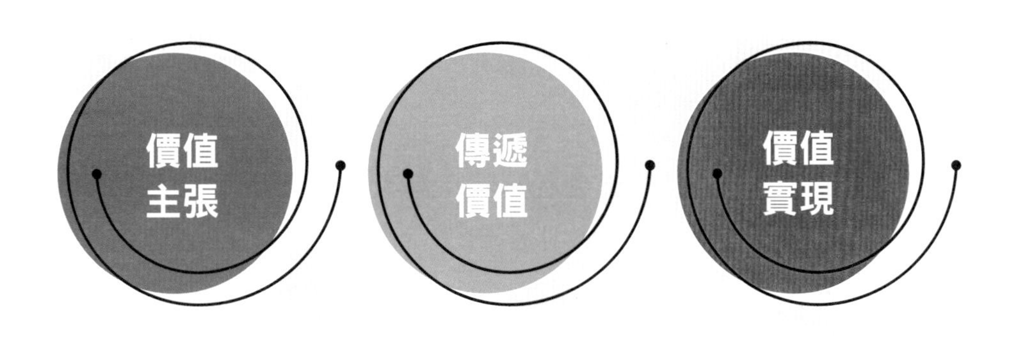

你有一個產品或服務、或是個團隊、公司，你有你的價值主張或價值訴求，描述了你的價值訴求之後，透過溝通，將價值主張傳遞給潛在的目標客群，所以，你要做廣告或溝通來傳遞這個價值，讓價值實現在客戶和你自己身上（售出你的產品或服務），這也就是共好（客戶擁有產品的價值，而你賺取利潤）。不但是把產品賣出去，還要將產品創造出的價值提供給客戶，讓客戶與企業雙贏。因為當顧客滿意整個流程、滿意產品，才有二次消費、成為忠誠客戶的機會。而滿意的消費體驗能吸引消費者上門，達到口耳相傳的口碑效應。客戶滿意了才會主動向潛在消費者推薦，潛在消費者也會跟風或追逐性消費，像是商業精英都在使用某款手機、某生髮液成功改善了早禿現象……都可以影響其他潛在客戶的購買，還有就是有些企業非常注重打造成功個案，如太陽能熱水器與某房地產開發商合作打造綠色能源示範宅，以建立專業形象，吸引潛在客戶主動光顧企業及產品（或服務）。

因此，讓顧客主動找上門的核心關鍵：

- **價值**——你必須能夠提供有價值的服務，顧客才會願意主動上門來詢問。真正提升到可以提供給讓顧客滿足的價值，而非只是以誘騙的方式讓顧客上鉤。
- **被客戶找到**——你要思考如何把價值傳遞給顧客，才能讓顧客輕鬆向您購買？在各種線上平台佈局（部落格、社群平台、搜索引擎等），讓大家看到你所能提供的價值。
- **分析、修正，並重複執行**——以各種分析工具來分析行銷策略、布局的效果，並不斷地重複修正到完善。

有哪些方式可以讓消費者主動上門找你消費？

- 在網路上提供讓搜尋引擎搜尋得到有價值的內容。
- 讓消費者在搜索引擎搜尋到你的（公司、產品）網站、部落格或粉絲專頁。
- 消費者因為網上內容的品質優良而關注商家的品牌、產品、服務。
- 最後因為產品服務符合顧客需求而選擇找你買（指名找你消費）。

互聯網改變行銷規則

隨著網路技術的快速發展，企業行銷需要依靠價值驅動，將企業使命、願景和價值觀與消費者進行互動溝通，了解消費者、迎合消費者，才能換來消費者的忠誠支持，實現產品的持續銷售。

典型的互聯網企業小米科技做的是製造與銷售手機、電視、路由器等電子產品的傳統事業。而 TCL、聯想、華為等也都在做同樣的事，但小米卻能成為黑馬，因為小米是用互聯網思維來經營，全面顛覆了手機業「行規」的小米，被視為互聯網思維的最佳代言者，如今的估值已經超過百億美元。

傳統企業用工業化生產的路徑前行，流程冗長繁瑣、等級分明而制約了企業發展，而互聯網思維的企業要求扁平化管理，在網路上實現互聯互通和跨越時空的聯繫，因此，從意識、思考方式和行為習慣，到行銷方法，都將產生新模式、新產品和新形態，都正持續改變著行銷規則。

從 AIDMA 到 AISAS

現代管理學之父彼得·杜拉克（Peter Drucker）曾說：「顧客是唯一的利潤中心。」成功的行銷員通常都會花許多時間、心力與財力去了解消費者的購買行為，他們經常思考一個問題：為什麼消費者、企業或機構會選購某一特定的品牌或服務，而不是選購其他品牌的產品或服務？唯有深入研究和了解顧客或潛在顧客的購買動機和行為，認真思考和體會顧客或潛在顧客的想法和感受，讓他們有「物超所值」、「賓至如歸」的感覺，才是行銷成功的關鍵。

我們每天都在從事許多購買決策，例如：買什麼品牌、買什麼產品或服務、買多少、何時買、如何買和到哪裡買等，這就是「消費者行為」，是指消費者在購買和使用產品或享用服務的過程中，所表現的各種行為與決策。

所謂的消費行為模式，以 1920 年代經濟學者霍爾山姆．羅蘭霍爾（Samuel Roland Hall）所提出的 AIDMA 模式最為有名，是指消費者在接受某商品或廠商的行銷刺激後，所採取的系列行為反應：注意（Attention）→商品 / 服務產生興趣（Interest）→產生欲望（Desire）→形成記憶（Memory）→採取購買行動（Action），總結了消費者在購買商品前的心理過程，將這一系列行為取其個別英文字首第一個字母，就是行銷人口中所說的 AIDMA 模式。

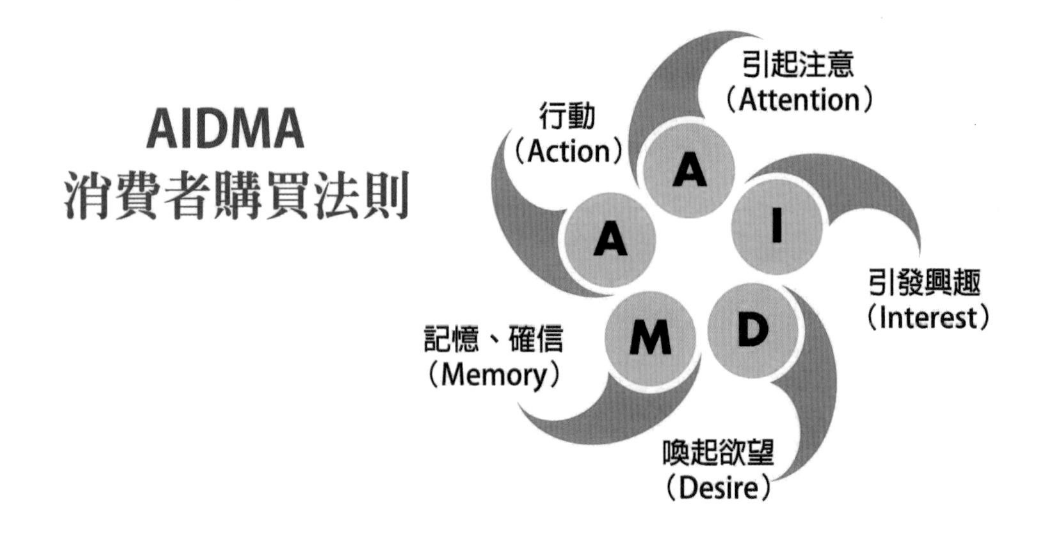

然而隨著可購買的商品種類多元而豐富，網路的便捷、大量的資訊量，還能讓消費者隨時隨地發聲，消費者行為也產生了極大變化。日本電通公司提出了更符合時代的消費者心理模式：AISAS。指出了網路時代下 Search（搜索）和 Share（分享）的重要性。消費者在購買前的心理模式是：會注意（Attention）商品 / 服務→產生興趣（Interest）→藉由網路搜尋（Search）產品訊息→採取購買行動（Action）→隨後在網路上撰寫自己的感想與他人分享（Share）意見。

基本上，AISAS 與 AIDMA 兩個模式間最大的差異在於：AISAS 模式在「購買行動」前後，分別加上「搜尋」與「分享」這兩個消費者的自發行為。可見，消費者行為改變了！

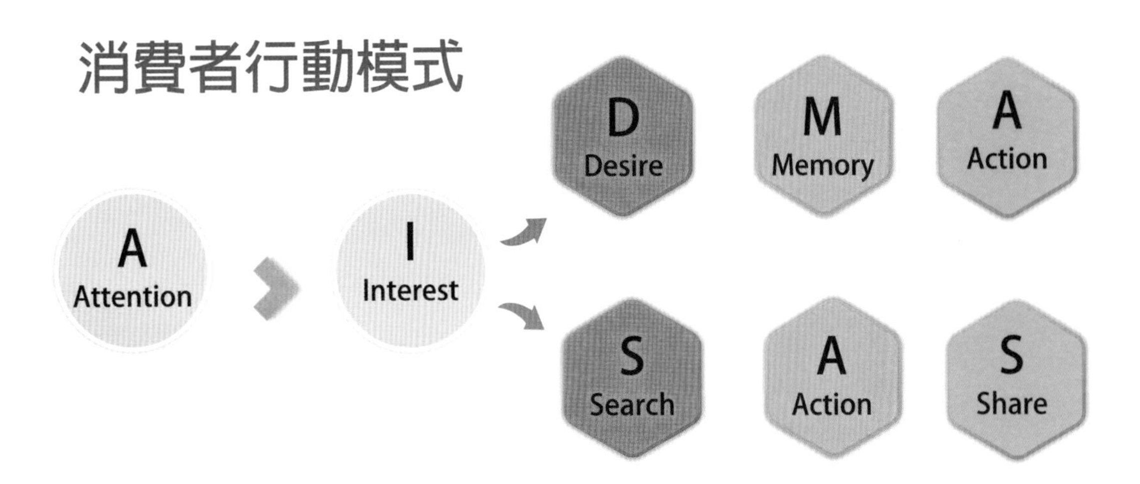

消費者由過去的被動轉為主動，行銷人員已經無法再單純地單向對消費者進行理念或產品灌輸，兩個具備網路特質的「搜尋 search」與「分享 share」，指出了目前消費者在購物前後對於網路上他人意見與經驗看重的重要性，更把消費行為與使用心得視為是生活與網絡分享的一部分，相當重視現代購物的「使用體驗」。

行銷成功的關鍵就是——讓顧客認同你的產品／服務本身是有價值的，「自願」討論你的產品。讓你的產品／服務以自己的魅力、或品質「讓顧客自己來找你」，例如在網路上 Google 你，而不像傳統的行銷是「商家去找顧客」。

隨著行動網路的發展與普及，用戶與企業之間溝通的管道非常通暢，企業完全可以將用戶回饋囊括在糾錯機制之中，形成內部創新的標準化體系，加快產品的更新週期。因此，行銷的關鍵就是要「全通路」接觸顧客，「體驗」至上。

近十年來，全球的品牌企業開始投入線上銷售，擁有自己的網路通路，像是 Apple、小米、Ikea、Gap、NIKE、Uniqlo……等，在台灣，網路原生品牌 Lativ、OB 嚴選、Pazzo、Grace Gift……等，在線上銷售都取得亮眼的成績。

小米是典型的代表，小米在銷售通路上，堅持選用線上銷售的電子通路作為其唯一的銷售管道，而當前隨

著中國聯通、中國電信定製機的相繼問世，小米也真正實現了流通管道的多元化。要知道，單純依靠網路銷售模式的確為小米省下了不菲的通路行銷費用，而多頻次的「饑餓行銷」模式又放大了其在通路上的相對優勢。

小米的這種網路行銷手段使小米的廣告費用只占 0.5%，通路成本也在 1% 以下。因此，傳統產業想要靠著網路趨勢擴大發展，必須先實現「現代行銷企業」的轉型，也就是人人都是「為顧客服務」。從上到下、從下到上都理解並知道，只是環節、職務不同，工作目的一致。以員工滿意帶來顧客、供應商、經銷商滿意和股東滿意，促進社會大眾滿意，也只有如此，才能帶來更多、更忠誠的粉絲，創造更多讓人尖叫的產品；同時，意識到「行銷」不僅是重要的管理職能，更是企業文化、經營哲學，真正「以用戶為中心」，所有行銷創新都要基於粉絲的需求，行銷才能奏效。

 掌握消費者心理，無往不利

長榮 Hello Kitty 彩繪機就是星宇航空總裁張國煒 2005 年擔任長榮航空總經理時推出的，藉由 Hello Kitty 可愛外型吸引 Kitty 粉絲，機上的服務用品、餐具皆以 Hello Kitty 為主題設計，連空姐穿的供餐服務圍裙都是粉紅色的，以深受大人小孩喜愛的 Hello Kitty 來包裝行銷產品與服務，夢幻般的體驗成功擄獲消費者的心。想像一下，當我們在候機室看到彩繪機停泊在停機坪，自然是興奮地紛紛拿起手機拍照合影；進入機艙後椅背上螢幕播放的是 Hello Kitty 的卡通影片，飛機艙內的用品與餐具也都能看到 Hello Kitty 的可愛身影，甚至所吃的餐點也可以看到 Hello Kitty 的造型，如此精心的設計萌翻大人小孩，驚喜連連。全家大小一起出國旅行除了講究安全之外，最主要圖的就是開心歡樂的氣氛，而彩繪機的出現不就正滿足了消費者心理的極大需求。長榮航空以夢幻、可愛的機上服務、備品與專屬商品，使乘客沉溺在愉悅的旅程記憶中，會讓他們想要再一次搭乘，體驗如此繽紛活潑、夢幻溫馨的飛行享受。

大數據行銷

近年來大數據的研究與發展日趨成熟。對企業而言，若能透過數據分析資料，進一步了解產品的購買和需求的族群是哪些人，就更能實現精準行銷，透過大數據分析，追蹤，有助於企業找到目標客戶，並進一步分析、鎖定目標客戶群。據報導指出，使用大數據分析行業第一名的是美妝業、再來是金融理財、家庭消費品、不動產、飲品和食品類。數據的分析是幫助產品找到會買它的人，也就是說，具體的數字會告訴你，產品應該要對誰推銷，然後集中火力推銷。

其實在我們日常生活裡面，不經意留下很多紀錄，這個紀錄包含我們上網喜歡看什麼內容、會分享什麼文章、我是男性或女性、我目前的位置在什麼地方等等，那如果這一些資訊配合上實際購買紀錄，就可以區分成不同的族群，將商品做關聯性的行銷。你是否曾經有過類似這樣的經歷，你連續幾次在某個網站上購買嬰兒紙尿布，再次購買時，網站主動會為你推薦很多相關產品，如奶粉、嬰兒濕紙巾、安撫奶嘴等，這些商品的廣告郵件、優惠資訊會出現在你的常用郵箱裡，甚至你會接到一些推銷的電話，告訴你有哪些與婦嬰相關的商品正在促銷。這就是網路商店透過大數據分析消費者的購買傾向，並預測出他可能會購買的商品，進而進行的精準行銷；這樣做，無疑增強了消費者的購買動機，同時也多方面地滿足了消費者的需求，並且提高了網路商店的工作效率和商品成交量。

大數據行銷是基於大量的數據資料去分析、挖掘，形成客戶畫像，基於客戶畫像進行

Precision
Marketing

一系列的行銷活動，比如透過網路數據挖掘，篩出喜歡體育運動的客戶，對該群體進行行銷。

在大數據的輔助之下，網路廣告可以準確追蹤哪些用戶在什麼時段、什麼地點看見這個廣告，其中又有多少人因廣告而消費。這是一般傳統廣告所做不到的。此外，透過大數據分析管理還能更深入一些，以廣告投放來說，從前期推送廣告給用戶，到後期用戶瀏覽廣告，再到用戶購買，直至最後成為會員，這一整個的行銷流程全程都有數據記錄，以產品定位來說，根據其產品特徵，尋找定位目標用戶，首先要搜尋採集用戶數據，包括性別、職業、年齡、婚姻狀態、收入情況、用戶瀏覽行為、購買行為等等這些數據，透過對這些數據的收集和分析，對用戶進行用戶畫像分析，掌握用戶需求，進而做差異化產品和精準行銷策略。整體來說這是一個對行銷全流程關注、分析、管理的過程。

台灣有 1900 萬以上用戶的臉書，掌握每一位使用者的年齡、性別、居住地區、喜好等。企業在臉書上投放的廣告可指定要觸及哪一類型的用戶，並可追蹤後續的曝光程度、點擊率與轉換成效，達成傳統廣告無法做到的精準投放。

大數據除了可以協助你完成精準的廣告投放，大數據行銷的價值不勝枚舉，海量的行銷資料能精確獲取消費者及潛在客戶的消費特徵，為企業產品生產提供具針對性的有效資訊。還能透過社群操作培養顧客忠誠度，以及配合 SEO 可以讓顧客可以主動找上你，主動接觸你的產品或服務。

01 廣告投放更精準
02 用社群培養忠誠顧客
03 SEO讓顧客快速找到你

大數據行銷的應用：為什麼需要大數據

1 企業藉由大數據對使用者做行為與特徵分析

透過大數據技術分析，結合自家產品的定位，鎖定核心消費群，針對核心消費群制訂行銷策略。例如，小米將目標客戶精準鎖定在草根人群，並透過數據技術對使用者年齡、個性、區域分布等各方面進行分析，然後集中力量在核心區域針對手機用戶造勢。只要累積足夠的使用者資料，就能分析出用戶的喜好與購買習慣，甚至做到「比用戶更瞭解用戶自己」。

2 大數據實現客製化或獨特化的精準行銷

精準行銷總被許多公司提及，但這些名義上的精準行銷其實並不怎麼精準，因為其缺乏使用者特徵資料支撐及詳細準確的分析。依靠大數據支撐的個性化行銷，不但能把行銷資訊直接推送到受眾群體的面前，還能保證廣告投放的效果，對受眾群體產生最直接、最有效的消費刺激；現今很多企業或網路電商都會運用此個性化技術進行精準行銷。

雖然大多數的網路電商、購物網站都有產品搜索功能，但海量的產品資訊還是容易讓人覺得繁瑣，看得眼花撩亂，於是各大網站紛紛引進站內個性化推薦系統，這一系統能讓使用者從海量資訊中，篩選出自己所需的資訊，從而達到精準行銷的目的，比如知名的購物網站淘寶網，基於用戶的瀏覽歷史，推薦符合用戶需求的商品清單，為用戶提供感興趣的商品，達到精準行銷的目的。

透過數據分析管理，能為你分析自家產品的受歡迎程度，選擇使用者好評率高、點選率高、毛利高的「三高」產品進行促銷，對於一些差評、點選率低的產品或改進。例如，7-Eleven，這個擁有四千多種商品、單店匯入均約二千多種，每週都有新品推

進、每間商店的商品都有所不同，而所陳列的商品正是由顧客的消費資訊決定的。從店鋪到總部的資訊，以及供貨商、訂貨系統的資訊，7-Eleven 均實現了網際網路化，在提高顧客體驗的同時，也方便了資料採集，而且資料裡會提示，哪一類型的熟食更受當地消費者歡迎，繼而影響新品開發與商品的陳列。

精準行銷將取代傳統式的撒網行銷，這種精準不僅表現在投放內容的個性化上，還體現在投放產品的獨特性上；這種爆品的獨特性會及時、準確地滿足消費者的實際需求。

3 大數據帶來產品獨特性，投使用者所好

如果能在產品生產之前瞭解潛在使用者的主要特徵，以及他們對產品的期待，那你就可以根據這些分析結果確定產品的特點，進行特定化生產，這樣產品的獨特性就能投用戶所好。例如，Netflix 在拍攝《紙牌屋》之前，即透過大數據分析了解潛在觀眾最喜歡的導演與演員，果然成功捕獲了觀眾的心。又比如，《小時代》在預告片投放後，即從微博上透過大數據分析得知主要觀眾群為 90 後女性，因此後續的行銷活動就主要針對這些人群展開。

 大數據行銷的九大價值

利用大數據行銷，能夠精準高效地提升廣告能力，並獲得高效的投資報酬率。如果你曾在 Amazon、博客來、momo 網站上購物，一定有過這樣的體驗，一開始你會看到一些突然冒出來的推薦，網站會根據你現在瀏覽的商品跟你說曾經瀏覽過這個商品的人又看過了什麼，或是買這個商品的人他們也會購買什麼商品，然後給你一份推薦清單，其中還包括你自己的瀏覽紀錄及購物紀錄，這種推薦方式便是根據歷史

購買紀錄計算的！根據統計資料而產生的推薦，讓Amazon 在一秒鐘能賣出 79.2 樣商品，這就是電商透過大數據分析出該消費者的購買傾向，並預測出他可能會購買的商品而進行的精準行銷。

這樣做無疑增強了消費者的購買欲望，同時也在多層次上滿足了消費者的需求，並提高了購物網站的工作效率和商品成交率。

大數據行銷的價值不勝枚舉，海量的行銷資料能精確獲取消費者及潛在客戶的消費特徵，那大數據行銷的價值具體有哪些呢？

1 用於行為與特徵分析

只要累積足夠的用戶資料，就能分析出用戶的喜好與購買習慣，甚至做到「比用戶更瞭解用戶自己」，有了這一點，才是許多大數據行銷的最有力依據。那些過去將「一切以客戶為中心」作為口號的企業可以想想，過去你們真的能及時且全面地瞭解客戶的需求與所想嗎？或許只有在大數據時代，這個問題的答案才能更加明確。

2 精準行銷資訊推送支撐

過去精準行銷總被許多公司所提及，但真正做到的少之又少，反而是垃圾信息氾濫。究其原因，主要就是過去名義上的精準行銷並不怎麼精準，因為其缺少使用者特徵資料作為基礎及詳細準確的分析。相對而言，現在的 RTB（即時競價）廣告等應用，則向我們展示了比以前更好的精準性，而其背後靠的就是大數據的支撐。

3 引導產品及行銷活動投使用者所好

透過擷取大數據，分析消費者個人喜好及生活習慣，從而創造消費需求，比如：Google 能知道你通常在哪裡上網、週末去哪裡玩；Facebook 可以知道你喜歡聽誰的歌，能掌握使用者的習慣就能投其所好。遠傳電信大數據智慧部經理蕭博仰對大數據的應用，做了這樣貼切的註解：「觀其所行、揣其所欲、析其所群、投其所好。」並舉例遠傳推出的 FriDay Video、FriDay Shopping 等 App，在分析數據後，就能針對用戶對歌曲和影片類型的喜好、及其購買紀錄，做出精準推銷，大大提高了變現率。

此外，不少品牌會在推出新產品前在社交媒體上先「試水溫」，透過按讚數目及點閱率來預測銷量；購物網站向用戶推薦商品前，亦會追蹤用戶購買、瀏覽歷史，並分析購買資料，以期讓消費者有更滿意的購物體驗。

4 競爭對手監測與品牌傳播

競爭對手在做什麼是許多企業想瞭解的，即使對方不會告訴你，你也可以透過大數據監測分析得知。品牌傳播的有效性亦可透過大數據分析找準方向，例如，可以進行傳播趨勢分析、內容特徵分析、互動用戶分析、正負情緒分析、口碑品類分析、產品屬性分析等，也可以藉由監測競爭對手的傳播態勢，根據使用者的期望策劃內容。

5 品牌危機監測及管理支援

新媒體時代，品牌危機使許多企業談之色變，然而大數據可以讓企業提前偵測或有所預警。在危機爆發過程中，最需要的是跟蹤危機傳播趨勢，識別重要參與人員，方便快速應對。大數據可以採集負面定義內容，及時啟動危機跟蹤和預警，按照人群社會屬性分析，聚類事件程序中的觀點，識別關鍵人物及傳播路徑，進而保護企業、產品的聲譽，抓住源頭和關鍵節點，快速有效地處理危機。

6 企業能篩選重點客戶

以前總讓許多行銷人員糾結的事是：在企業的用戶、好友與粉絲中，哪些是最有價值的用戶。有了大數據，或許這一切都可以更加有事實依據來支撐。從用戶訪問的各種網站可以判斷出其最近關心的東西是否與你旗下產品相關；從用戶在社群媒體上（IG、FB）所發布的各類內容及與他人互動的內容中，可以找出千絲萬縷的資訊，利用某種規則關聯並綜合起來，就可以讓企業篩選出目標用戶。

7 大數據用於改善使用者體驗

要改善用戶體驗，關鍵在於真正瞭解用戶及他們所使用的產品的狀況，做最適時的提醒。例如，在大數據時代或許你正駕駛的汽車可提前救你一命，只要經由遍布全車的感測器收集車輛運行資訊，在你的汽車關鍵零件發生問題之前，就會提前向你或車廠發出預警，這絕不僅僅是節省金錢，還有益於行車安全。事實上，美國的 UPS 快遞公司早在 2000 年就利用這種基於大數據的預測性分析系統來檢測全美六萬輛車輛的即時車況，以便及時地進行預防性保養或維修。

8 社會化客戶分級管理支援

面對日新月異的新媒體，許多企業想透過對粉絲的公開內容和互動記錄分析，將粉絲轉化為潛在用戶，啟動社會化資產價值，並對潛在用戶進行多角度的畫像。大數據可以分析活躍粉絲的互動內容，設定消費者畫像的各種規則，相關潛在使用者與會員資料，相關潛在使用者與客服資料，篩選目標群體做精準行銷，進而使傳統客戶關係管理結合社會化資料，豐富使用者不同角度的標籤，並可動態更新消費者生命週期資料，以維持資訊的新鮮有效。

9 支援市場預測與決策分析

關於資料對市場預測及決策分析的支援，過去早就在資料分析與資料挖掘盛行的年代被提出過。沃爾瑪著名的「啤酒與尿布」案例即是那時的傑作，其透過數據分析了解到：每逢週五晚上，到超市購買紙尿布的男性顧客，往往會為週末球賽順便買了幾瓶啤酒回家，於是沃爾瑪打破常規，將啤酒與尿片擺放在同一區域，成功讓兩項產品的銷售量提升三成。這樣從資訊的「量」到資訊的「質」，從靜態的儲存到動態的管理、分析，只是由於大數據時代資料的大規模與多類型對資料分析與資料採擷、提出了新要求。更全面、速度更及時的大數據，必然能對市場預測及決策分析進一步發展提供更好的支援，要知道，似是而非或錯誤的、過時的資料對決策者而言簡直就是災難。

馬雲說：大家還沒搞清 PC 時代的時候，行動網路來了，還沒搞清行動網路的時候，大數據時代來了。足見「得數據者得天下」已成為了業界的共識。大數據正在成為引領性的先進技術，企業可以透過專業的大數據平台，對客戶購買行為、消費數據進行採集與分析，並根據分析結果了解到客戶的需求，了解客戶對產品的態度以及使用產品後的滿意度，以便即時改進與有效應對，同時通過大數據預測，企業可發現更多潛在的客戶資源，打造品牌影響力。未來將會是大數據應用蓬勃發展的時代，海量的數據將會成為企業制定戰略決策的重要參考，在市場上占領先機。

網路行銷的行動指南

網路行銷不只是做出漂亮的網站，除了好看還要實用之外，還需要包含網路推廣，才能提升你的口碑，增加你的訂單，若是只做網站不做行銷，效果砍一半，網路行銷也不是簡單的資訊發布、網站推廣，網路行銷的開展需要科學地擬訂行銷目標與計畫，及全方位的配套設施與支持。

網路行銷即是運用網路資源與工具，依據企業的品牌調性、產品和目標客群制定適合的行銷策略，尤其是能鎖定目標，精準出擊，它能依據商品的目標受眾，推送素材給有潛力購買的客戶，曝光在他可能出沒的地方，吸引購買。精準度比傳統行銷高而有效率，達成銷售目的。網路行銷包含數位廣告投放、社群平台、網路行銷擁有多樣化的行銷管道接觸到目標受眾，可依據族群分眾，能採取不同的行銷手法，成本相對比較低，很適合新創事業、中小型企業使用。其優勢說明如下：

網路行銷的 10 大特點

有別於實體行銷，網路行銷是有其獨特的優勢的，其特點可以歸納為以下幾個方面。

1 不受時間和空間上的限制

由於網路不受時間和空間的限制，資訊能更快、更準確地完成交換，企業和個人還能全天候地為全世界的客戶提供服務，既方便了消費者的購買，又為賣方省去了繁

瑣的銷售工作。目前網路技術的發展已完全突破了空間的束縛，從過去受地理位置限制的局部市場，擴展為範圍更加廣闊的全球市場。

2 傳播媒介豐富

擁有豐富傳播媒介資源的網路可以對多種資訊進行傳遞，如文字聲音、圖片和影音資訊等，這些傳播媒介能讓產品更加形象立體地呈現出來，使消費者對商品的瞭解更加深刻詳盡。

3 行銷方與消費者之間的互動性

商品的本質資訊和圖片資訊的展示，可以透過網路的資料庫進行查詢，從而在消費者和行銷方之間進行資訊溝通；也可以透過網路進行客戶滿意度調查、客戶需求調查等，為商品或服務的設計、改進提供及時的意見資訊。

4 交易氛圍的獨特性

網路行銷是一種以消費者為主導的交易方式，因此消費者可以理性地選擇所需商品，避開那些強迫性推銷。供需雙方可以透過資訊交換、溝通建立起良好的合作關係，消費者可以體會到網路行銷所帶來的好處：較低的價格、人性化的服務。這是其他行銷方式所無法比擬的。

5 售前、售中與售後的高度整合性

網路行銷是一種包括售前的商品介紹、售中交易、售後服務的全流程的行銷模式。它以統一的傳播方式，不同的行銷活動，向消費者傳遞商品資訊，向商家回饋客戶意見，免去了不同的傳播方式造成的多因素影響，方便消費者及時表達意見，商家則能及時掌控市場訊息。

6 行銷能力的超前性

網路作為一種功能強大的行銷工具，它所提供的功能是全方位的，無論是從通路、促銷、電子交易，還是互動、售後服務，都滿足了行銷的全部需求，它所具備的行銷能力具有超前性。

7 平台服務的高效性

網路的高效性正深深地改變著人們的生活，可以存儲大量資訊的電腦，為網路行銷提供了高效能的平台。它不但能為消費者提供查詢服務，還可以應市場的需求，傳送精準度極高的資訊，及時有效地讓商家理解並滿足客戶的需求，其高效性遠超其他媒體。

8 運營成本的經濟性

網路發展日益成熟，網路行銷的營運成本也在逐步降低，尤其是與之前的實物交換相比較，其經濟性更有明顯的優勢。網路以外的行銷方式需要一定的店面租金、人工成本、水電費用等支出，投入的資金遠比網路行銷要高很多。所有企業都希望降低行銷成本以求得利益的最大化而網路行銷具有明顯的優勢，其運營成本低廉，受眾規模大，能為企業提升競爭力，拓展銷售管道，增加使用者規模，因此越來越受到企業的關注。

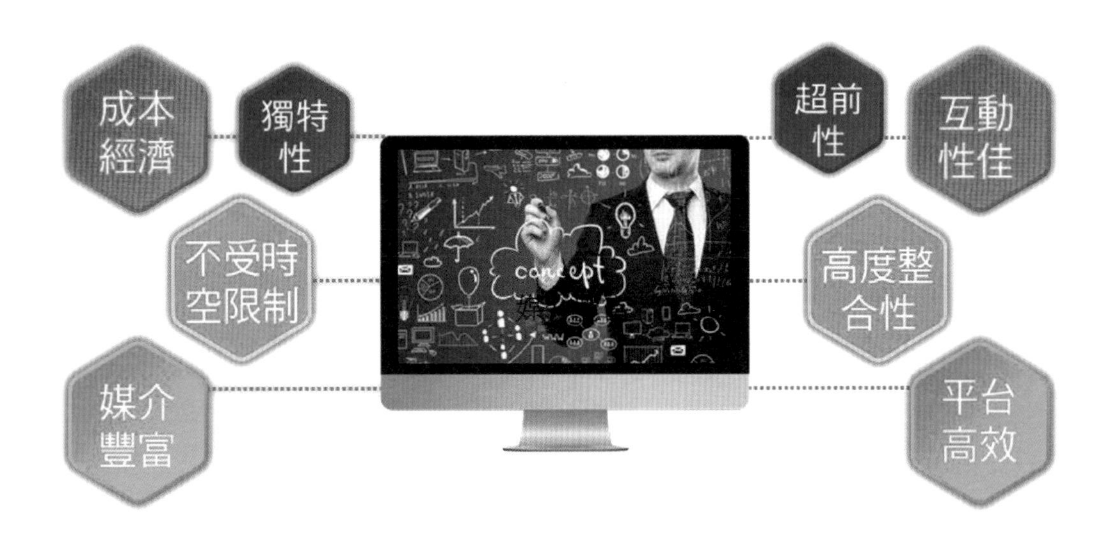

網路行銷的運用準則

行銷方法大家都在做，網路上也很多資源教學，以下就網路行銷的注意事項提出幾點建議，希望能幫助大家理清思路，作為制訂行銷策略的行動參考，讓你的行銷真正做出成效。

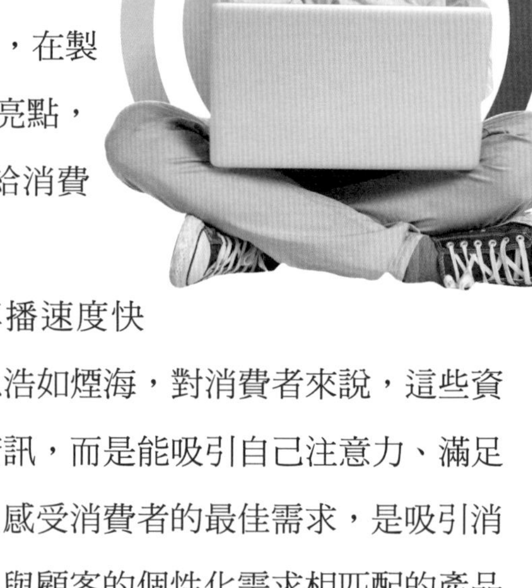

1 從消費者的需求出發，吸引網民的眼球

網路行銷的產品和服務種類繁多，覆蓋面廣泛，要想吸引消費者或潛在消費者的注意力，那就要從消費者的角度出發，想一想消費者如果有購買需求，會注重產品的哪些品質，或是如何在搜尋引擎裡尋找關鍵字。同時，在製作行銷資訊內容時，重點突顯產品的品質、優勢與亮點，運用新穎獨特的顯示設定，抓住消費者的眼球，給消費者留下深刻印象。

網路具有資訊共用、交流成本低廉、資訊傳播速度快等特點，在網路發達的今天，產品資訊、行銷訊息浩如煙海，對消費者來說，這些資訊是相對過剩的。所以說，消費者所缺少的不是資訊，而是能吸引自己注意力、滿足自身實際需求的最佳產品。從消費者的角度出發，感受消費者的最佳需求，是吸引消費者注意力的首要條件，用亮點吸引顧客，創造出與顧客的個性化需求相匹配的產品特色或者服務特色，才能成功吸引網路顧客的注意力。而不是強勢地不斷用廣告「轟炸」，那些強行向顧客灌輸資訊的方式，只會令他們產生反感，避而遠之。

2 針對個性化需求做行銷

隨著網路行銷的快速發展，產品日趨完美、服務越加完善，消費者的口味也越來越刁鑽，個性化需求已漸漸成為行銷界不容忽視的發展趨勢。個性化革命悄然而至，私人訂製成為新的行銷趨勢，要轉而思考：是繼續為每一位消費者都提供完全一樣的服務，還是以滿足消費者的個性化需求為目標，提供獨特的服務。答案顯而易見，個性化行銷是每個企業都應該關注的新型行銷方式。

個性化行銷在傳統的大規模生產的基礎上，從產品與服務上根據每位消費者的特殊要求，進行個性化改進，簡單來說就是「量體裁衣」。

與傳統的行銷方式相比，根據消費者的個性化需求所設計的行銷活動具有獨特的競爭優勢。

實施一對一行銷滿足用戶的個性化需求，體現出「用戶至上」的行銷觀念。

個性化行銷目標明確，以銷售來定產量，避開了庫存壓力，降低生產投入成本。

在一定程度上減少了企業新產品開發和決策的風險。

滿足消費者的個性化需求是一項大工程，無論是從產品內容、服務體驗還是行銷模式上都需要具備與眾不同的特點，個性化應貫穿始終。

首先，產品內容需要個性化，無論是產品的結構設計、外觀形象，還是價格定位、功能使用上，應最大限度地滿足某一類消費群體的個性需求。

其次，將服務體驗個性化，好的服務體驗能提高產品的附加價值，感動消費者，滿足消費者在個人情感上的心理訴求。最後，採取個性化的行銷模式直達消費者的內心，好的行銷管道能直接且有效地刺激目標消費群體，好的行銷方式能準確地吸引有個性化需求的消費者。

3 讓價格成為優勢，吸引顧客，戰勝競爭對手

網路行銷的開展依靠飛速發展的資訊網路，而資訊網路也為顧客提供了準確且廣泛的價值資訊，這些十分便利的條件，有利於顧客對不同企業的產品和服務的價值進行比較與評估，從而選出最優商品。所以，一個企業要想在網路行銷中戰勝對手，吸引更多的潛在顧客，就要在產品價格上做出讓步，向顧客提供比競爭對手更優惠的價格。

從另一個角度上來說，產品的線上銷售價格大多都會低於線下銷售價格，因為線上銷售能節省一定的資金投入，如店面租金、人工成本、水電費用等支出。因此，線上銷售企業就應該把競爭對手定位在同樣採用網路行銷方式的企業，考慮如何提高產品價值和服務價值，降低生產與銷售成本，以最低的價格吸引顧客，在網路行銷戰中取得勝利。

4 長期經營樹立品牌效應

網路行銷最忌諱的就是一錘子買賣，企業應該把銷售的目標放長遠一點，不但在品質、價格、服務上優於別人，還要樹立起品牌效應，把網路行銷當作一項長期工程。

這就好比淘寶店鋪的等級，是需要日積月累才能換來的，而顧客們更喜歡在信譽度高的店鋪或一些品牌旗艦店選購商品。有些企業可能兩三單生意就收回行銷成本，於是開始失去了對網路行銷的耐性，而有的企業因為短時間內效果不明顯而退出，這都是不利於品牌效應的形成的。

做好品牌行銷，企業要在不斷提高產品和服務品質的同時，輔以恰當的形象推廣，提高品牌的知名度、信譽度，最終樹立起大眾信賴的網路品牌。對網路品牌的行銷，既有利於發掘潛在的新顧客，又有利於留住老顧客，促成老顧客重複回購。一舉多得，何樂而不為呢？

5 建立自己的朋友圈，做好關係行銷

網路行銷從某種意義上來說更是一種資源整合，我需要你銷售的化妝品，他需要我銷售的美味食品，而你正需要他銷售的暢銷書，這就是我們的「朋友圈」，也是我們做好關係行銷的優勢所在。現代市場行銷的發展趨勢已漸漸從交易行銷朝向關係行銷轉變。一個強有力的企業不僅能贏得顧客，還能長期地擁有顧客，建立關係行銷，是永久保留顧客的制勝法寶。所以我們不用太關注短期利益，把目標轉向長遠利益，和顧客建立起友好的合作關係，透過與顧客建立長期穩定的關係，才能實現長期擁有死忠顧客的目標。

行動行銷即時catch

在最近幾年裡，發展最迅速、市場潛力最大、改變人們生活最多、發展前景最誘人的，莫過於行動網路了。每年的行動上網人數都在不斷攀升，其驚人的成長速度已被世界所矚目。手機網民數量的快速成長，也帶動了「行動行銷」（Mobile Marketing）的興起和發展。行動行銷是數位行銷的延伸，其定義為「利用行動媒介來進行行銷的活動，這個行動媒介可能是行動電話、平板、智慧手錶等可以移動的設備，與消費者溝通並促銷其產品、服務或理念，藉此創造利潤」，應以隨時（Anytime）、隨地（Anywhere）、任何設備（Any device）為原則，在消費者方便的時間、地點，與他們溝通互動。

智慧型手機的普及，社群媒體的快速發展，消費者的生活已與手機密不可分，透過 LINE、微信、FB、QQ 等各種工具，可隨時隨地與人溝通和交流，所以機不離身，總是掛在網上。近年來 Apple Pay、Google Pay、街口支付和 PayPal 等各式行動支付發展成熟，免去了消費者攜帶現金和輸入卡號的不便，讓消費者能即時支付，減少其猶豫時間，提升交易效率。因此手機「走到哪、買到哪」的便利性，更連帶改變了消費者的消費行為，使得品牌也不得不制定相關的行動行銷策略來吸引消費者。

因此，全球各大品牌企業紛紛開發自己的手機 APP，如星巴克、momo、淘寶、摩斯漢堡……等，行動 APP 猶如企業直接與客戶溝通的管道，有了行動 APP，企業就能隨時隨地推播產品／服務／促銷訊息給客戶。例如消費者只要下載星巴克 APP、申請帳號，就成為會員，每次消費，便可累積星

巴克獨有的「星星」。人們不再需要實體塑膠卡片，存在手機 APP 裡的，是虛擬會員卡。再透過分析會員的數位足跡，達到雙向互動、精準行銷。像「TOYOTA」的驅動城市 APP，是一款 All in one 用車生活 APP：首創支援行動版道路救援系統與貼心車主服務。內建離線版停車位、加油 / 充電站、路況查詢，還能提供即時生活娛樂優惠訊息，以不受限的素材格式，提供多元化的生活服務，與使用者保持連結，並接觸潛在客戶。

行動網路的發展也讓許多企業轉變思維，在網路上進行「圈地運動」，經營自己的粉絲群，打開行銷管道，將行銷做到極致。

現在是個碎片化時代，當人們的干擾太多，注意力已成為稀有財，消費者沒有足夠的耐心專注在廣告上，因此廣告必須有創意才能吸引消費者目光。

與 PC 時代的網路行銷相比，行動行銷更注重個人資訊和感受，互動也更加簡單和便捷，用戶回饋的聲音也更真實和具體。每個人都可以利用手中的手機，成為資訊傳播的中心和新聞的源頭。無論是網路的便攜性、移動性還是社交互動性，都使得消費者之間的分享更加便捷，連結更密切，同時也大大地改變著消費者的資訊獲取和使用模式。

行動行銷有以下四大特點：

1 便攜性、移動性

由於便於隨身攜帶性，人在哪裡行動，網路就在哪裡，它與手機用戶可以說是形影不離，坐車的時候看看手機，等人的時候看看手機，如廁看手機，睡覺前看手機……除了睡眠時間，行動設備是陪伴主人時間最多的，這種優越性是傳統 PC 無法比擬的。那些有趣的手機應用軟體讓人們把大量的零散時間有效地利用起來，也就給行銷帶來了更多機會，因為大家都在線上，不怕沒人看到產品的資訊推廣，不怕沒人參與到產品互動當中來。消費者可以隨時隨地上線享受各種服務和體驗，比如消費者掃描 QR 碼，可以很快連接到線上獲取資訊和下訂單，然後可以在線下實現貨物提領或服務。

2 精準性、高效性

由於手機等行動裝置是專屬個人的，是私有財產，所以也更具個人化和明顯性，所以行銷時進行目標使用者定位就能更加精準和具體。性別、年齡層次、產品需求等資訊，都有利於行銷人員在快速鎖定與自己產品服務相匹配的目標客群，進而進行銷售方案的改進和實施。

3 成本相對低廉性

行動行銷具有明顯的成本優勢，因為智慧型手機的使用者眾多，覆蓋面廣泛，且不受時間、空間的限制，行銷快捷便利，所以無論與傳統行銷還是 PC 行銷相比較，行動行銷需投入的成本都不高；因投入成本低、回報高，所以是企業降低行銷成本、多元行銷、提升競爭力、拓展銷售市場的最佳選擇。

4 社交互動性

無論是行動通訊與網路的結合，還是個人生活與網路平台的結合，都體現了行動網路的社交性。時下的臉書、LINE、QQ 還是微信，其作用都是增加社會交往的頻率與密度。最初，網路是通訊工具、新媒體；如今，網路是大眾創業、萬眾創新的新工具。只要「一機在手」，「人人線上」，「電腦＋人腦」融合起來，就可以透過眾籌、眾包等方式獲取大量資源資訊。基於行動網路社交性的特點，行動行銷在熟人朋友間實現了資訊分享、資訊推薦和互動交流，一方面也減少了用戶對傳統商業行銷資訊的反感和排斥心理。

LINE 和微信以一對一的資訊傳遞開始；以使用者的購買為橋樑；以消費者的轉介紹為目標；以提升使用者的體驗為宗旨。

最初 LINE 的推出，僅限於方便人與人之間的聯繫，如今越來越多人發現，手機用戶使用 LINE 和微信不再局限於朋友之間的交流對話，還可以查找其他更多的專業資訊帳號，關注更多有價值的公眾平臺；而精通於行銷的用戶，便在 LINE 和微信的使用中發現了無限的商機。LINE 和微信不同於官方網站或 FB，商家和使用者之間的對話是私密性的，不需要公之於眾，私密度更高，可以將滿足消費者需求和個性化的內容推送到各個潛在的關注使用者手中，使用者也可以一對一地與其互動。

LINE@ 生活圈的多元應用方式為行動行銷開啟了無限可能。若想成功經營社群，不是只靠傳統的單向傳播，而是透過雙向的互動，了解顧客的心理，在商品、行銷操作上才能更加得心應手。

看準 LINE 在台灣有超過 2,100 萬的用戶，以及 LINE@ 的精準行銷方式，橡木桶洋酒從 2015 年開始經營 LINE@ 帳號。以招募大量好友為目標的他們，陸續舉辦多元類型的 LINE@ 好友專屬活動，透過有趣的獨家活動，以及病毒式的好友推薦力量，在短短幾個月內，橡木桶洋酒的好友人數突破二千大關！其中，好友最喜歡、也最熱烈參與的就是贈品活動。這樣用心的設計，不但能為橡木桶洋酒一次帶來百名好友，也能以間接的方式，宣傳新產品的上市。

 行動行銷強調精準、即時、互動！

目前行動行銷手法多元，包括動畫式、插播式、文字式、書籤式、橫幅式廣告等，隨著技術多元應用而產生不同的廣告效果，廣告主必須針對不同消費者的特性，以及行動媒體裝置的特點，設計不同的廣告類型來突顯產品或服務的特色與亮點，藉以吸引消費者的目光。意即行銷策略應依據目標客群、用戶的生活型態、使用習慣或心理差異作區隔式小眾行銷。

行動行銷最有效果的其實是行動搜尋，如果再搭配上 GPS+LBS（Location-Based System），用戶在使用行動搜尋時，系統會根據用戶的所在地點提供最適當的參考資料，例如用戶正在某個陌生地點，透過行動裝置搜尋就可以立即找到停車位、餐廳、百貨商店、或各式消費場所，如果再透過行動搜尋傳遞給消費者折扣的 QR 碼，就能更有效觸及目標受眾，用戶會很開心看到正是符合自己需求的資訊，自然能媒合成功，做成生意的機率大大提升。

如今更結合真實的地理位置資訊（Geo-Fenceing），與室內互動（Beacons）技術，可幫助瞄準離商店最近，或甚至已經在店內的顧客。Feo-Fenceing 技術可自動推播廣告至正在附近的顧客面前，而 Beacons 能做到店內導航、行動支付、店內導購與人流分析。可事先透過個人資訊中的購物紀錄分析顧客的偏好，找出他們今天可能想尋找的商品，整合位置資訊後再進行廣告推播。

透過即時的位置資訊，行銷人員能更進一步地把這些資料連續性的、長期性的資料收集起來，就能知道一個人一星期會去幾次星巴克、一個月會看幾次電影，比起知道顧客現在正在星巴克附近，是更能應用在行銷操作的資訊。

隨著人們行動網路和行動裝置的普及，過去我們認為不重要的數據將會開始變得強大。例如，汽車的位置數據將能使品牌充分了解車內購物習慣，因而影響了電子商務的行銷。而結合購買行為、瀏覽紀錄、社交數據，位置數據幫助行銷人員擴大了應用範圍，能評估行銷活動的成效、做到更精細的消費者行為分析，打造更精準的行銷策略。

免費行銷吸客力量大

「免費贈送」，對於消費者來說是極具誘惑力的，免費模式會讓不餓的用戶產生飢餓需求感，會讓有點飢餓的用戶加強飢餓感，會讓已經很飢餓的用戶瘋狂出手。對商家來說，實施免費行銷能獲得很多間接收益，如提升自身品牌的知名度、獲得最新的使用者資訊回饋、掌握市場需求方向、壓制競爭對手等。

有世界行銷之神美譽的傑・亞伯拉罕（Jay Abraham）說：在任何可能的場合都要去使用「免費行銷策略」，可以試著在網路上、廣告標題、電子報、優惠券上，等等任何場合和方式中都去應用。

傑・亞伯拉罕曾經使用過一美元的鈔票，也用過巴西的銀行幣與德國錢幣……，把錢放在要郵寄給潛在客戶的包裹中，並寫上「內附贈現金……，請您立刻打開！」因為現金是最吸引注意力的，能確保客戶注意到你的產品或服務。

「免費」，表面上看來是虧本的買賣，但實際上免費所帶來的價值是無限的，關鍵在於商家能否擴充思路，運用巧妙、新穎的構思和創意，讓「免費」為自己創造更多的贏利點。

許多品牌都會利用贈品行銷形式，嘗試讓更多人索取產品，讓更多消費者觸及到產品或服務，使用過後自然產生體驗口碑。相信你曾經在超市或逛街時有拿過商家發送的贈品／試用品，或在網路上填寫資料索取過某一家保養品的免費試用品，而沒多久你就會開始收到該產品品牌定期寄發優惠資訊給你。這是因為商家打的如意算盤是：利用免費來降低成交的門檻，吸引潛在客戶，透過「美好的體驗」把價值傳遞給顧客，建立信任，推銷盈利產品，引導成交，最終鎖定客戶，持續消費。

什麼是免費行銷呢？一般的定義，「免費行銷」就是透過免費提供產品或者服務，來達成其想要成為市場第一或市佔率 35% 的市場目標等。

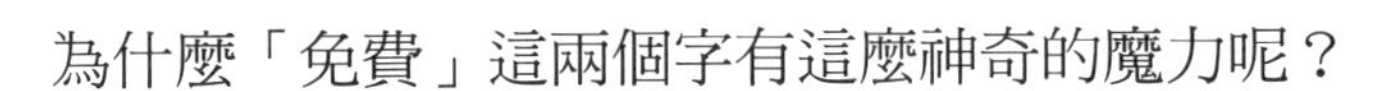

為什麼「免費」這兩個字有這麼神奇的魔力呢？

因為消費者不買的原因中，有很大的因素來自於「不知道的恐懼」，如：這東西到底好不好用？這東西買這個價格會不會太貴？……等。而「免費」就能幫消費者降低了萬一買錯時所需要付出的最低代價。像是食品的免費試吃——沒有吃吃看怎麼知道好不好吃，合不合家人的口味；化妝保養品的免費試用——沒有試用，怎麼知道皮膚會不會過敏，效果是不是自己想要的……當這些疑慮或代價幾乎等於零時，就減輕了消費者的不安全感，大大提升消費的動力。

免費模式要如何操作呢？

1 免費樣品與贈品

提供免費樣品與贈品是非常有效及常見的模式。對於消費者而言，再也沒有任何比「免費贈送」更吸引消費者眼球的事情，商家透過免費活動吸引人潮、買氣，擴大消費者基數，在大面積範圍內形成較大的影響，就能在一定程度上提升品牌親和力和知名度。

如果是與正品一樣的樣品自然是最佳選擇，或是要送贈品，則必須要具備很強吸引力的。在你選擇免費贈品之前，必須先回答一個很重要的問題：那就是做為免費禮物的產品，如果出售的話，是否有人會願意購買它。一定要挑選精美的禮品。因為客戶都不傻，如果你贈送的都是一些亂七八糟的東西，不僅掉檔次，還會失了客戶對你的信任，因為贈品的品質會直接影響顧客對於公司或品牌的印象。一定選有價值的，客戶也需要的，千萬別送不相關的贈品。首重的不是價格而是要實用兼具質優，這樣顧客收到贈品，就會有驚喜也就會主動 PO 文分享，為你宣傳。

贈品
與產品要有相關性
要具實用性
要精美品質佳

此外，贈品要與產品有相關性，例如你是賣 3C 產品的，可以根據顧客選擇的產品型號，來贈送數據線、集線器、手機支架等小商品；例如你是賣彩妝的，可以選擇精美限量的化妝包，或是旅行套組為贈品，價值感很強；或是隨機贈送一些顧客消費清單中沒有的其他小樣品，就等於宣傳了其他產品，為你帶來意想不到的回購率！

2 首次免費促成二次消費

提供一段時間免費試用或體驗是一種很吸引潛在客戶來嘗試你的產品的方式。可以先免費提供給消費者商品，而後再從商品的二次銷售中獲得利潤，這種免費模式中的第一次成交只是一個測試，當他願意免費試用或體驗的同時，這也表示他對你的產品／服務是感興趣的，免費試用、體驗的目的在於讓消費者對商家產生信任感，放下恐懼，促成後面的第二次、第三次，甚至多次的成交，這樣後面的追售成本幾乎是零。並不是每種商品都需要採用的方式，但越是高單價的產品或服務這項免費策略往往越有用。

目前最常見的是「產品或服務本體本身免費，但廠商可以透過各種加值服務來獲利」。像是下載免費 APP 使用，但若需要進階的加值服務或高級功能則要付費使用等。網路遊戲免費註冊，但是要玩得盡興就要付費，玩遊戲本身免費，但是對遊戲增值服務進行收費，消費者可以額外花錢購買虛擬道具、裝備卡、雙倍體驗卡等。先免費提供商品，然後再慢慢賺取利潤，成為了商家常用的行銷手段。像是行銷分為「前端」和「後端」，這是兩個不同的階段，對於商家來說，「前端」應該是花錢的地方，「後端」則是收穫的地方。因為消費者不用付一分錢就可以得到商品，看起來很划算，商家似乎虧了本，其實這點正是這種免費模式的優勢所在。你看奇虎 360 就是避開了掃毒軟體行業的收費模式，推出免費防毒服務才打敗了其他對手，從而攻下不錯的市佔率。

3 捆綁式免費，帶動銷售

有些商品是需要和其他產品配套使用的，如淨水器和濾芯是需要一起使用的，汽車和衛星導航是需要配套使用的，像是吉列刮鬍刀買刀片免費贈送刀架，買咖啡送隨行杯、買印表機送墨水匣、買屋送裝潢……等。

淨水器都需要裝濾芯，淨水器只要裝上就能使用，但是濾芯是需要經常更換的，淨水器可以虧錢免費送你，但是後期商家會靠賣濾芯把利潤掙回來，這就是捆綁式免費。商家可以藉由把免費的東西與付費產品捆綁在一起，作為贈品出售，也就是用贈品的免費帶動主產品的銷售，透過相關副產品的免費，即可達到促銷主商品的目的。各大電信商也都這樣玩，如平面大電視可以免費送給你，為的是要你綁約賺你每個月的通信費、網路費。

4 部分免費，帶動間接收費

部分免費模式，就是對產品的使用設定一些免費的環節，用免費部分帶動間接消費。如遊樂園對兒童免門票，吸引來的自然是帶著兒童的父母。商家設計此銷售模式時要設計得恰到好處，既要能吸引免費的顧客帶動人氣，同時也要保證免費的部分能帶來好口碑，在口耳相傳中吸引更多的消費者進行付費購買，同時避免讓消費者產生反感，甚至有上當受騙的感覺。如某酒吧對到店的情侶實行女性免費提供酒水服務，間接地帶動了男性消費。

5 買一送一大放送

買一送一是很多商家都在用的策略，因為這樣能提升成交率。就是在利用贈品這個誘因，有了贈品，顧客會認為產品或服務的整體價值感提升了，自然購買意願就高。你要想讓顧客消費你的產品，做好產品是最基本、主要的，更為關鍵的是讓顧客感覺到你的產品是超值的，而贈品有益於提升產品的價值感。對企業來說一次簡單的銷售策略可以使銷售業績或品牌知名度成倍或數倍增加，因為就連我們自己都很常被買一送一方案給誘惑而心動購買！

買一送一與直接半價有何不同？雖然店家收到的錢是一樣的，但在消費者的感受是不一樣的，若是直接打 5 折，顧客心裡會想原來半價就可以買到的東西，以前竟然傻傻用一倍的價格去買，有自己是冤大頭的感受。而買一送一的促銷，對絕大多數的消費者來說，反而會有那種太好了，多賺一杯的感覺。此外買一送一是維持原價，是多送給顧客一個。所以常常是兩個人一起合買（5 折效果），或是一個人買兩個。也就是說直接 5 折很難刺激到原本沒習慣購買該項商品的顧客，買一送一卻能夠刺激原本就購買的顧客，使這些顧客主動呼朋引伴一起合買，達到更大的廣告效果。

「買一送一」方案並不是要你無限制地施行下去，畢竟不能虧到破產，而是要利用這個方案作為一種吸引力，讓消費者將目光聚在你的產品上。如：你可以是每天限量 100 組買一送一，這樣就不至於讓你損失太多，還會因為是限量就造就一波排隊風潮呢，反而更加大了被關注度及被討論度！如星巴克不定期推出「買一送一」的活動，總是吸引群眾排隊購買。

6 轉介紹優惠策略

如果你是做培訓教育的，你可以告訴你的學員，如果他能帶來一位來賓，他就可以免費參加，而這個人必須是他願意帶來的任何人。那麼，一定有很多人願意參加轉介紹活動，因為這不是推銷或強迫朋友，而是分享給合適的人。

喬・吉拉德說：「當我成交一個人之後，我會給他名片，給他一百元美金，讓他為我工作（意指幫我介紹生意）。他還會跟維修工人說，請他們幫我轉介紹客人只要他們有幫忙介紹，他就會付給他們一百元美金，後來他們轉介紹的客戶量相當驚人。」他表示：「若是有成千上萬的人在為喬・吉拉德工作，也等於我要支付百萬美金。」但他一點也不心疼這些錢，因為如果你不給予，你就不會得到，你只會得到你所付出的。

傑・亞伯拉罕也提到這種類型的免費行銷策略非常適合於做保險、業務類的人。通常補習班也很常用，如推薦同學來報班，推薦人可以得到一筆獎金……等。

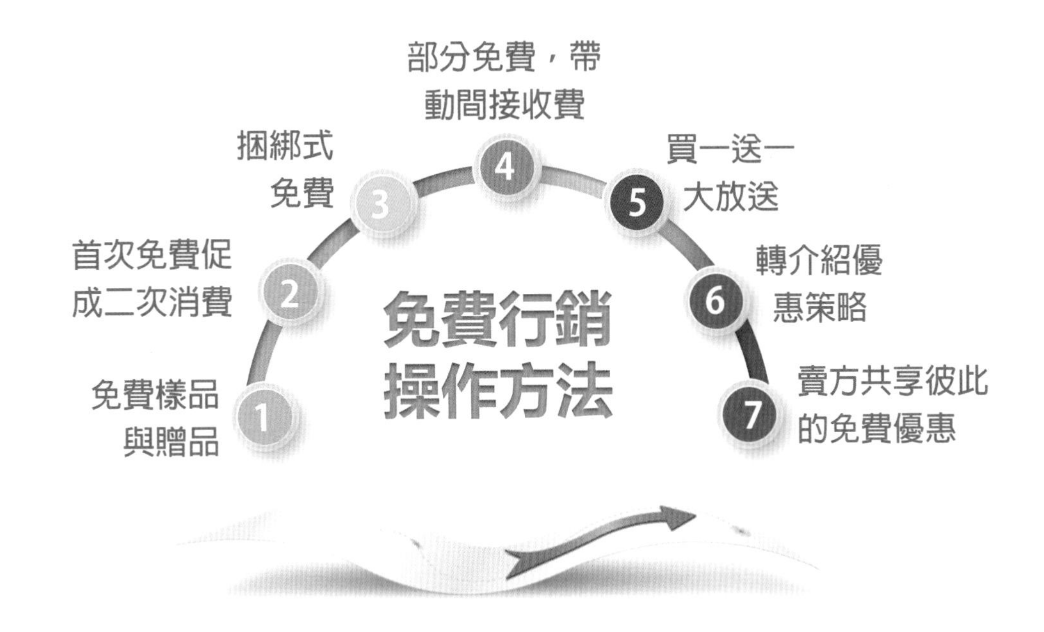

7 賣方共享彼此的免費優惠

通常顧客不會只買你的東西，他會買飲料、也會買主餐或點心，若想讓你的免費優惠更多元，更吸引人，你可以找找與你同一區域的，或是與你產品有互補或目標客戶一致的商家。例如你是賣滷味的，就可以和賣飲料賣冰品的合作；你是做美甲的，可以和服飾店、美妝店或美容院合作，與他們合作如一起集點、發放優惠券，而優惠券可以獨立也可以組合優惠。

如某飲料公司與電玩製作公司合作，推出了一款遊戲，作為購買飲料的附贈品或獎品免費送給顧客，年輕人在有趣的遊戲中不知不覺接收了各種商家的廣告資訊。又如一些洗衣機生產商在說明書中推薦使用某某洗衣粉或洗滌液，而洗衣粉生產廠商則在洗衣粉包裝上推薦特定品牌洗衣機或其他產品等。這種互利形式使雙方都可以免費得到廣告宣傳的機會，而這種建立於雙方品牌影響力基礎之上的相互背書式的推薦效果更能聚焦。

我有位學員李姐在市區開了一家日系女裝服飾店，最近適逢週年慶她推出一個方案，大大刺激了買氣，方案是——消費滿 5000 元送價值 1000 元的超級贈禮，滿 3000 元以上送價值 500 元的大禮包。一個小小的店面按照這樣的送法，不會虧本嗎？當然不會，因為她的贈品都是其他商家免費提供給她的。

以下是她的贈品清單——

- **美髮店：價值 400 元的頭皮健康護理**
- **美甲店：300 元的美甲護理**
- **瑜珈館：價值 300 元的上課券**

試想同樣是買女裝，到別家消費頂多能享受到一個優惠折扣，而在我學員李姐的店裡除了可以享受到應有的折扣，還能免費獲得這麼多的超值贈品，自然吸引顧客來消費。

那為什麼李姐有這些優惠，她是自掏腰包買的嗎？自然不是。那些商家為什麼會免費送這麼多有價值的贈品給李姐來促銷呢？

其實商家也是為了自己，是為了獲得更多的潛在顧客，而他們所需要的目標客戶大部分也是會在李姐店裡購買女裝的顧客，與其花大量的廣告費用去大海撈針地宣傳，還不如直接到擁有目標客戶的地方抓取。

對瑜珈館而言，如果他們準備花幾萬元做廣告宣傳，誰能保證這個廣告能吸引多少目標客戶來消費呢？瑜珈館免費送給李姐價值 300 元的上課券 200 張，效果會怎麼樣呢？可以想見至少會有一些目標顧客來上瑜珈課。因為瑜珈館的目標客群就是中高檔消費女性，而會來李姐的日系服飾店消費的顧客有非常大的比例都是瑜珈館的目標顧客。而瑜珈館不會有任何成本支出，因為瑜珈館的成本大多是固定的，多一個人來上課和少一個人來上課沒有多大差別。

再加上這是透過李姐送給顧客價值 300 元的上課券，對於顧客來說，他們是消費滿額，有花錢才能享有贈品，不僅會比較珍惜，也會因為他們對李姐服飾店的信任感也同樣會轉嫁到瑜珈館，而透過上課能讓客戶直接體驗到價值。

這就是為什麼其他商家也願意提供免費贈品給李姐做促銷的原因。有了這個思路，你可以好好想想，有誰和你是同屬性的目標顧客，與購買你所經營的產品是同一類客群，積極找他們合作吧！

免費行銷的重點，就是透過「免費」這兩個字的魔力，來大幅降低消費者的心理抵觸，來達成推廣產品的目標。免費或贈品會讓顧客感受到實實在在的優惠，能發揮低成本價值高的作用，顧客會有物超所值的感受，能讓顧客的購物體驗得到提升，提高顧客滿意度。這個行銷策略設計的概念核心是：**免費 → 贈送 → 體驗 → 滿意 → 讓顧客來找我們，主動消費 → 升級服務**。

免費行銷不僅僅就是為了促銷商品，還可以獲得很多間接的收益，比如品牌知名度的提升、擠壓競爭對手的市場……等。在設計免費行銷的模式，你思考的方向不能以如何賺更多錢的角度來切入，這樣很難產生有成效的免費模式。而是要從利人的角度來思考，想一想能為顧客提供什麼價值，如何提供這些價值。以這樣利人的思維為出發點，自然就能規劃出利人又利己的雙贏模式！

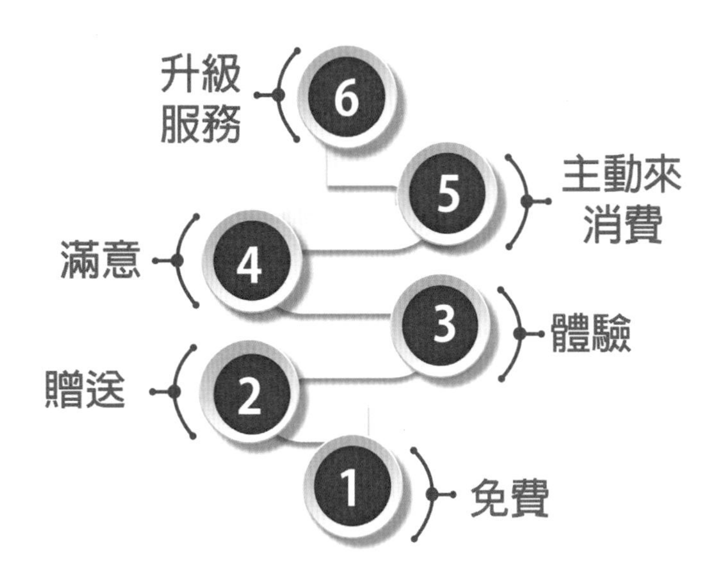

Part

2

養客

抓客群，拉新客、養熟客

07 TOPIC 找到自己的市場定位

如何讓客戶主動來找你？就是定位要清楚。要很清楚 who、why、how。who 指的是你要清楚自己的產品或服務是要賣給誰，我們稱為溝通的對象，以及對象的需求和你要如何做，而這就形成一個 T 型的三角，如下圖所示。

你要把自己定位得很清楚，你到底是高端、中端，還是低端的。舉例，如果你在逛街購物時，看中了一款 LV 的包，定價台幣 250 元，你可以百分之百肯定這個包一定是假的。為什麼呢？因為你知道這價格和 LV 的定位不吻合。

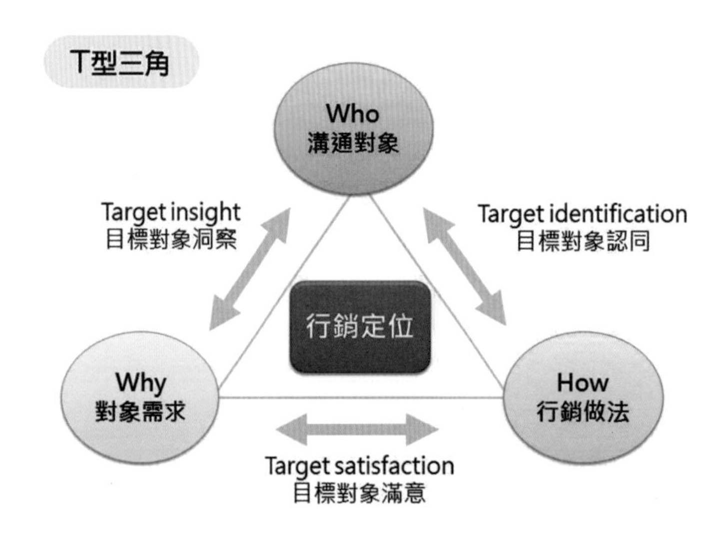

所謂「定位」是指在消費者腦海中，為某個品牌建立有別於競爭者的形象的過程，而這程序的結果，即消費者所感受到相對於競爭者的形象。所以，一旦公司選定區隔市場，接著就必須決定在這些市場內占有「定位」。

為了使自己的產品獲得競爭優勢，企業必須在消費者心中確立自己的產品，相對於競爭者有更好的品牌印象和鮮明的差異性。

進行市場定位時應有下列三種考量：

1 要確定企業可以從哪方面尋求差異化

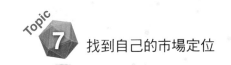

差異化是指使企業與競爭者的產品或服務有所差異，區別性越大越好。

② 找到產品獨特的賣點

有效的差異化較能為產品創造賣點，也就是給消費者一個購買的理由。

③ 明確產品的價值方案，擬好定位策略

價值方案是指企業定位，並行銷其產品或服務的價值和價格的比較。消費者往往會依自己對產品的價值來判斷是否購買，當消費者認為的價值大於價格時，消費者才有可能購買。

不管你是定位還是賣東西，一定要明確地告訴你的客戶對他而言有什麼好處。像我開辦公眾演說班，對報名的學員有什麼實質的好處？那就是經過培訓後，你可以站上舞台，而且這個舞台我們在台灣和中國都已建立好了。市面上其他的公眾演說班、講師培訓班，它將你培訓得再好，教學多到位，最後你學成了，獲得了證書，但沒有舞台讓你發揮，學再多技巧也是白費。而魔法講盟的公眾演說班、超級好講師課程能為學員提供舞台與平台，這就是我能帶給學員客戶的實質好處。

不管你是做哪一行、哪一業，賣什麼產品，你一定要常常問自己以下這五點，並確保你的答案是清晰、明確的。

- ✔ **我的顧客是誰？（有關年齡、收入、身分、職業等等）**
- ✔ **顧客有什麼想要解決的煩惱、困擾、問題，或其他想要實現的需求、願望、夢想，是我的產品（服務）可以幫上忙的？**
- ✔ **為什麼顧客值得花時間了解我的產品／服務？**
- ✔ **顧客了解我提供的產品／服務之後，會擔心或煩惱哪些問題？**
- ✔ **我要用什麼樣的表達方式、提供哪些資訊、推出什麼方案等等，才能協助顧客做出正確的決定並解決其問題？**

「明確的定義導致你明確的定位」，不管你現在做什麼，或是你將來做什麼，或是你規劃要創業，都要能清楚地回答以上的五個問題。

你的客戶是誰？當然不能簡單地說是人，你要明確地描述出你的客戶是誰，要有具體的形象，而且範圍要越小越好，千萬別把你的目標客群設得太廣，如 0 到 100 歲，男女老少都可以，這樣的設定有等於沒有，一點意義都沒有。

沒錯！我們要研究的就是定位（Positioning），你的產品使用者是誰？產品會被怎樣使用？潛在顧客在哪兒？他們為什麼要用你的產品？

你的客戶要設定得非常狹隘，然後專門針對這狹小的客群去投其所需、精細並精緻化行銷，最後就會成功。

 請問手錶是用來做什麼的？

看時間、裝飾配件、彰顯地位身分……等，這些是手錶傳統的一般性功能。而手錶的主要功能是看時間，但如今這部分的功能都被手機所取代，你可以去普查一下，是不是大部分的人都已不刻意戴手錶出門了，因為只要有手機就能隨時掌握時間。

瑞士人的傳統特質是忠誠與專注。專注體現在工匠精神的機械錶，因此瑞士工匠以傳世之寶之心態打造昂貴材質的機械錶！當錶的定位明確為計時工具後，美國的石英錶又切入了這個藍海市場；然後日本卡西歐的電子錶還有碼錶與鬧鐘等功能，手錶又可定位為運動產品。

關鍵就在定位，不管做哪個行業都要先定位，而要做好定位，就一定要談到 nich 利基，因為每個位置有每個位置的利基，所以請找出或培養出你的利基。

像 Swatch 將錶的定位，從計時工具、運動產品，進化為時尚商品。帶手錶者有「對時掌控者」、「多功能使用者」、「彰顯地位者」、「流行搭配者」。當時，針對「對時掌控者」、「多功能使用者」與「彰顯地位者」的市場已競爭激烈，但「流行搭配者」的市場仍被忽略；因為，僅 Swatch 集團內部就已有多種品牌競逐前三個子市場了！

亞洲更湧出大量的平價與廉價手錶！但當時尚缺針對「流行搭配者」這個子市場的產品！

Swatch 在多年前推出的手錶叫做「流行搭配者」，將手錶和流行元素結合在一起，兼顧流行時尚與實用，價格也很實惠。手錶就是用來對時、掌控時間，一千多年來都是如此，如果你還在標榜你出產的手錶非常準時，一秒都不差，可以想見是毫無賣點的，甚至可能帶動不了銷售，因為這樣的特色別家也有，有等於是沒有，無法吸引消費者的目光。

Swatch 就這樣誕生了！當年推出時的廣告詞是：它就像男人的領帶，女人的包包，可以配合場景，搭配穿著，為消費者提供了另一個需求。

一旦精準定位，接著就要積極和這個子市場中的消費者對話，讓你的產品在消費者心理逐漸佔據更大的位置！像 GPS 一般，攻取消費者的心佔率。

所以產品不重要，產品的定位才重要，你要怎麼去定位或定義你的產品呢？讓它對準目標客群的需求，就能不銷而銷，客戶反而會主動來找你買！

最好的產品介紹，就是當你介紹完產品或服務，會讓顧客覺得你的產品簡直就是為他量身打造，非常符合他的需求，是專門為他解決問題來的。這樣你的目標設定就很成功。

- **以 appWorks 為例，他們的客戶就是「想在 Internet 或 Mobile Internet 創業，但需要幫助的人」。**
- **以 Mamibuy 為例，他們的客戶就是「不知道該買哪些嬰幼兒用品的新手爸媽」。**
- **以 5945 裝潢網為例，則是「家裡有裝潢修繕問題，但不知道去哪裡找師傅的消費者」。**

我的四百名王道會員中，大約有二十位是在做保險的，如果有人說他什麼人都可以拉保險，這種人反而拉不到保險。那些成功拉到保險的，都是定位非常清楚的，他們都有個專門主打的保險，但他的客戶來源卻很廣泛，例如我有位朋友，專門做有錢人的資產規畫，他請我替他介紹一些有錢人，越有錢越好，於是我介紹一些頂級客戶給他，結果呢他如願收了不少保單，而且連那些不太有錢的客戶，像是他正在談的有錢客戶的秘書啊，司機啊，員工……也想找他做資產規劃。因為他在接觸這些有錢人的過程中，也認識了這位客戶周邊的人脈，也因為光環效應的影響，使他們覺得老闆都找他做理財規畫了，可見他的方案相當不錯、可以信任，因而跟著老闆買。所以，如果你是保險業務員，你可以把你的目標定得狹隘些，例如：我就是只要服務資產在多少以上的人、或專門做財產險、專門做退休規畫，專門做……等，而其他外圍的人也會來找你，因為你為了要接觸這專門的對象，也會接觸到他身邊的其他人。

那你要如何證明你在那個狹小的領域很專業？如何證明你是很懂、很專業的呢？不外乎兩個途徑，一個是寫書、寫專欄；另一個是透過公眾演說、一對多的銷講，或成為某一領域的講師或名師。一直到今天還會有人看到我，問我說王老師你數學一定很棒吧？你猜他為什麼知道我數學很棒，因為我以前是數學老師，補教界的名師，數學當然很棒，所以，只要你能站上台教人某種知識，你就很棒。

公眾演說班

出書出版班

08 TOPIC 聚焦：選擇目標市場

STP 精準的行銷，讓銷售變得多餘！企業想要確保自己的產品或服務有好的銷路，並獲得一個好的市占率，就必須選擇一個適合的目標市場。

所謂目標市場，是指企業進行市場分析並對市場做出區隔後，擬定進入的子市場。而目標行銷（Target Marketing）是企業針對不同消費者群體之間的差異，

從中選擇一個或多個作為目標，進而滿足消費者的需求。主要包含三個步驟，又稱 STP 策略。三個步驟如下：

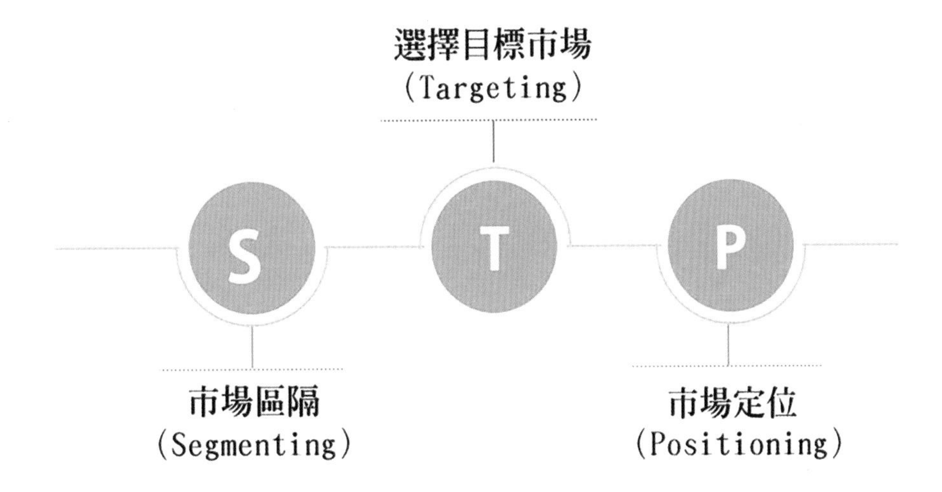

你要想清楚你的市場在哪裡，區隔清楚，選擇好目標市場，然後做好定位，這就是行銷的精華，如此一來，銷售就變得多餘了。

❶ 市場區隔（Segmenting）

是依消費者不同的消費需求和購買習慣，將市場區隔成不同的消費者群體。例如：上班族或學生，高收入或一般收入。

2 選擇目標市場（Targeting）

評估各區隔市場對企業的吸引力，從中選擇最有潛力的一個或多個作為進入的目標市場。例如：我今天是一家網路行銷顧問公司，我會選擇中小企業為我的目標市場。

3 市場定位（Positioning）

決定產品或服務的定位，建立和傳播產品或服務在市場上的重大利益和優良形象。例如：創見文化出版社定位出版財經企管、成功致富相關書籍，如果是語言學習的書，就不會在創見文化出版。

市場區隔

「市場區隔」的概念是由美國行銷學家史密斯（Wendell R.Smith）提出，其認為市場的消費者並非同質且具有不同的需求，因此若將一個市場區隔成幾個較小的消費群，再針對每一群的特殊習性或需求，發展不同的行銷組合策略，將能滿足每一消費群的需求，達到更好的行銷績效。而一群具有相同特性的消費者，擁有類似的產品需求，對同樣的行銷策略產生相似的反應。每個市場區隔所需的產品不盡相同，消費者對價格的敏感度也不一，所以必須針對特定的市場區隔擬定行銷策略。由於企業資源有限，為達到最大行銷之效能，市場區隔就很必要。

市場區隔（Segmentation）必須考量以下幾點：

- **此區隔是否可以明確辨識？**
- **此區隔出的市場是否可觸及並獲利？**
- **此區隔出的市場是否對不同的行銷策略有著差異性的反應？**
- **此種區隔是否會經常變動甚至消失？**

例如，當年西南航空（Southwest Airlines）觀察到美國各城市間長途巴士的旅客人數一直在穩定地成長（可辨識、可觸及、可獲利），於是開航了各城市間密集且廉價的航班，吸引了不少巴士的旅客們來轉乘（消費者對西南航空的行銷策略有反應）。然後配套不對號入座等簡化程序，但服務更親切而活潑。後來西南航空果然從美國地區性的中型航空公司成長為全球獲利最高的航空公司。

同期間，日本航空卻宣告破產！ WHY ？ Airbus 空巴為何停產 A380 ？

之前我前往中國演講時，那時中國正在積極發展建構大飛機，在一次聚會中某高層諮詢我的意見與看法，我的建議是不要做大飛機，要做中型飛機。對方也採納，他們現在成立了一個很大的中型飛機工廠，大飛機和中型飛機差在哪裡？答案是載客量。那為什麼載客量不要大的反而要中型的，關鍵是載客率。

日本航空為什麼倒閉？我們先來看一個概念，例如專門一條航線是東京到首爾，全日本想去首爾的旅客都必須先集合到東京，再搭乘載客量大的一台大型飛機直飛首爾。這個邏輯概念有問題嗎？沒有，這對企業自己而言，是十分理想的，但對消費者就不是那方便。如今是消費者思維，我們要讓自己從消費者的角度來思考，請問若是西南航空，會是怎麼想的？大阪有一群人想到首爾，就安排飛機，從大阪直飛首爾；北海道有一群人想到首爾，那就札幌開個班機直飛首爾；西南航空就是觀察到美國各城市間長途巴士的旅客人數一直在穩定成長，因此開航了許多城市間的航班，讓美國的飛狗巴士獲利率從高峰跌到谷底。美國幅員廣大，各城市之間可以直接坐飛機，且國內線班機的安檢沒有那麼嚴格，所以西南航空這個策略就把飛狗巴士打趴了。

明白了嗎？日本航空為什麼會倒，因為它想的是如果有一群人要去北京，這些人就要自己想辦法來到東京集合，然後用一架大飛機將這一大群人送往北京去。所以我才認為中國不合適發展大飛機，試想如果要從北京飛深圳，就把北方各省想去深圳的旅客統一集合到北京，然後在一個統一的時間安排這一大群人坐大型飛機飛深圳，這對航空公司來說是很方便，但對消費者而

言卻是大大不便；消費者想的是，我想飛深圳，最好就在離家最近的機場就有航班飛深圳，不用舟車勞頓先到北京再飛深圳。

西南航空的定位就非常明確，美國有幾百個大城市，他們的航班就在這些大城市之間互飛，感覺上就像在坐巴士差不多，票價也沒貴多少，方便又快速，出入機場就跟出入車站一樣，也因此從中型航空公司成長為大型航空公司，可是它的飛機並沒有從中型飛機發展到大型飛機。中國的航空市場也類似，所以發展前景不可限量！我有一位弟子周亦光也投身這個市場，前途極為看好啊！

面對龐大又複雜的市場時，行銷人員共同的困擾是，「該如何著手進行區隔？」針對這個問題，《行銷管理：全球化觀點》作者威廉・皮洛特（William Perreault）與傑洛米・麥卡錫（Jerome McCarthy）提出市場區隔七大步驟，藉以找出新的市場。

Step1 選定合適的產品市場：

選定產品市場時，過於狹隘（無法支撐企業存活的市場）或寬廣（全世界）的市場，都不是好的選擇。

Step2 列出潛在顧客的需求：

透過腦力激盪寫下所有潛在顧客的需求。

Step3 從同性質需求中，區隔出子市場：

歸納整理消費者的需求，將擁有相同需求的消費者，區隔成子市場，然後寫下每個子市場的「重要需求」與「顧客特質」，並找出三個以上的子市場。

Step4 找出決定因素：

檢視每一個市場區隔的重要需求構面，從中找出決定性的需求，並加以標記。

Step5 為可能的產品市場命名：

依消費者的重要需求與特質，為每一個子市場命名。

Step6 評估市場區隔：

找出每個市場區隔不同的特色。

Step7 估算市場區隔的大小：

市場區隔的目的在於尋找獲利機會，因此可結合市場區隔與人口統計資料，估算市場規模。

完成上述七個步驟後，便能清楚描述每一個市場區隔的需求與特質，找出對的消費者，再據此擬訂合適的行銷策略。

市場區隔的目的是企業可以根據不同子市場的需求，分別設計出適合的產品。由於每個人的需求不盡相同，企業的產品或服務應該具有彈性，包含「基本解決方案」及「進階選擇項目」兩個部分，前者提供的要素能滿足區隔內的所有成員；後者則要能滿足某些人的特殊偏好。

例如，汽車公司可將目標市場分成三種消費者：

- **只想用低成本購買運輸工具**
- **尋求舒適的駕駛體驗**
- **尋求高速刺激與高性能駕駛樂趣**

但你不宜將目標客群定位成「年輕、中產階級」的消費者，因為這群人想要的車子，其定位可能完全不同。

市場區隔的五大層次

1 大眾行銷（Mass Marketing）

指企業僅對某一項產品做大量生產、配銷和促銷。例如：可口可樂早期只生產一種口味。

2 個人行銷（Individual Marketing）

市場區隔的終極目標，就是達成「個人區隔」、「客製化行銷」及「一對一行銷」。

現今消費者更重視個人化因素，因此有些企業結合大眾行銷與客製化，提供「大眾客製化」（mass customization）平台，讓顧客挑選自己想要的產品、特殊服務或運送方式，來達成更精準的溝通。例如：幫客戶量身製作整套西裝。

日本 Paris Miki 眼鏡會使用數位設備拍下顧客臉型，根據顧客選擇的鏡架風格，

在電腦中顯示模擬試戴後的效果。顧客也可以選擇鼻樑架及鏡臂架等配件，一小時內就可以拿到有個人風格的眼鏡。新絲路網路書店 www.silkbook.com 成立時推出「個人化圖書封面」POD 之服務也造成轟動即屬此類。

3 區隔行銷（Segment Marketing）

能確認出購買者在欲望、購買力、地理區域、購買態度和購買習慣等方面的差異，介於大量行銷和個人行銷之間。

4 利基行銷（Niche Marketing）

「利基」指的是一個需求特殊、尚未被滿足的市場，目標客群的範圍較狹小。企業將市場劃分為幾個不同的市場，在市場中找出有特定需求的消費者，然後以差異化的產品或服務，來滿足這群消費者需求的策略。

利基市場的競爭者較少，所以業者可透過「專業與專精」來獲取利潤和成長，因為這個市場的顧客通常都願意支付較高的金額，來滿足自己的特殊需求。

例如，汽車保險業者銷售特殊保單給有較多意外事故記錄的駕駛人，藉以收取較高額的保費來獲取利潤；針對餐旅服務業出版一本餐旅英語考試專用書等等。

5 地區行銷（Local Marketing）

指依照特定地區顧客群的需要與欲求，修改促銷方案，發展出在地的特殊行銷策略。這其實就是草根行銷，其內涵通常屬於「體驗式行銷」，試圖向目標客群傳遞獨特、難忘的消費經驗。如你可以做 GPS 定位廣告。

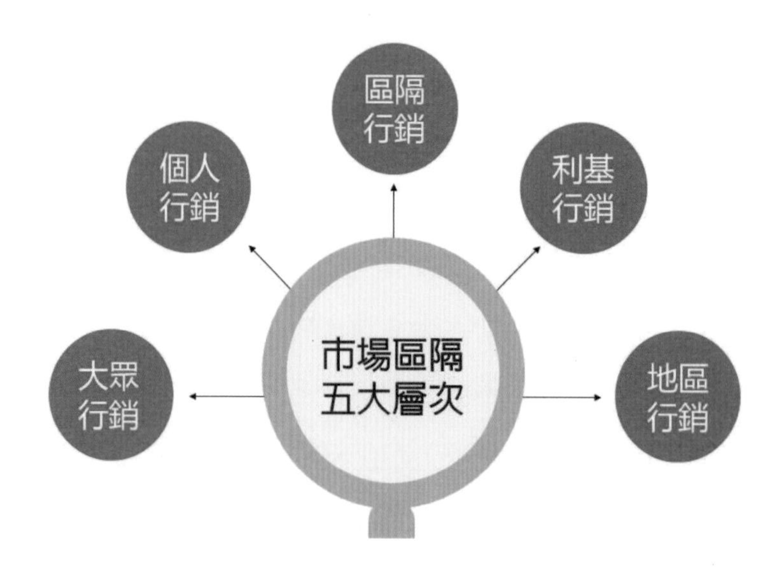

選擇目標市場

酒廠的目標客戶是誰？當然是愛喝酒的人！但日本啤酒品牌 KIRIN 卻鎖定不（愛）喝酒的人，推出了一款不含酒精的啤酒 KIRIN Free，口感、味道與啤酒一模一樣！果然大暢銷！在日本一年便可賣出 600 萬箱。

因為麒麟 KIRIN 在日本的市占率本就很高，不論推出什麼新產品，都很難避免自己打自己的窘境，於是它新定位了一項產品，推出新品：不含酒精的啤酒，因而能大暢銷，也不會侵佔到自己原本的市場。

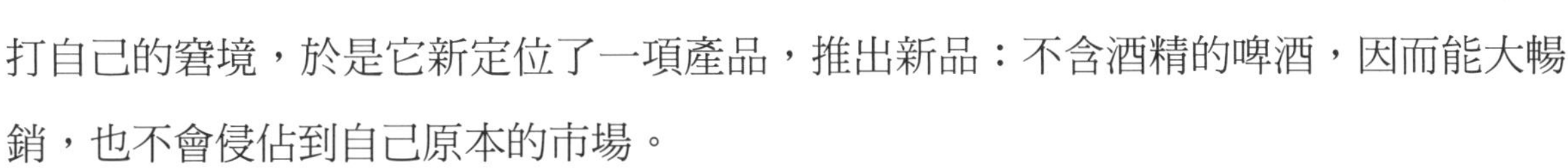

市場區隔化的目的是在於正確選擇目標市場。市場區隔顯示了企業所面臨的市場機會，目標市場的選擇則是企業評估各種市場機會，決定為多少區隔市場服務的重要行銷策略。

選擇目標市場基本上有下列五種方法：

- **產品專業化**：企業集中生產一種產品，並向所有可能的顧客銷售該種產品。
- **市場專業化**：企業僅服務於某特定顧客群，盡力滿足他們的各種需求。
- **選擇性專業化**：企業選擇幾個區隔市場，每一個對企業的目標和資源利用都有一定的吸引力。
- **單一市場集中化**：企業選擇最拿手的產品或服務專攻一個區隔市場。
- **整體市場涵蓋**： 企業企圖以各種產品線滿足所有顧客的需求，但一般只有實力強大的大企業才能採取這種策略。

Targeting
產品專業化
市場專業化
單一市場集中化
選擇性專業化
整體市場涵蓋

 設計行銷策略

目標市場選擇好後，在決定如何為已確定的目標市場設計行銷策略與行銷組合時，有差異化行銷、無差異行銷和集中化行銷這三種行銷方式。

1 差異化行銷策略

差異化行銷是針對不同的區隔市場分別從事行銷活動。根據不同的消費者推出多種產品並配合多種促銷方法，力圖滿足不同消費者的偏好和需求。

創業者開創事業的早期，其普遍的盲點，就是沒有看清楚、想清楚他們的目標客群到底是誰。

想清楚這點之後就要為目標客群的某一痛點去設計產品或服務，然後把它放在眾籌網站上，看看能否得到反響與回應，試點成功後你就可以賺大錢。你要先把目標市場的客群找出來，然後找出目標客群的痛點在哪兒，你的方案要能解決他們的痛苦，只要滿足他們的需求，自然就能獲利。

設定 Target Audience（目標受眾／目標客群）是一個「濃度」的問題：當你對準了一群購買意願很高的客群，行銷的工作將會事半功倍。相反的，當你搞不清楚到底誰會買你的產品，結果當然就是亂槍打鳥，最後往往效果不彰。

Mamibuy 的目標客群是新手爸媽。由於新手爸媽經常會有睡眠不足的狀態，導致他們往往有更高的付費意願，就算不是為了孩子的健康，如果花點小錢能夠換來片刻的安寧，那也值得。因為目標客群對準第一次為人父母的人，所以 Mamibuy 的粉絲團就叫做「新手爸媽勸敗團」。

Mamibuy 網站上最重要的功能，當然就是新生兒的「好物推薦」，因為新手村裡的爸媽需要了解養小孩該添購什麼裝備，而哪些裝備又是特別好用的，因此「其他村民」的推薦品被採用的比例極高。

2 無差異化行銷策略

無差異化行銷是指將整個市場視為一個整體，不考慮消費者對某種產品需求的差別，致力於顧客需求的相同處而忽略異同處，只實行一種行銷計畫來滿足最大多數的消費者。例如：可口可樂始終保持一種口味、包裝。

為什麼我不建議做無差別性市場行銷策略，因為如果你的公司很小，知名度不夠，客戶連有你這家公司都不知道，而你又採無差別行銷策略，你的產品要如何讓消費者看到，並關注你呢？所以你一定要做差異化行銷策略，才能在眾多商品中脫穎而出。

採用無差別市場策略，產品在內在品質和外在形體上必須有獨特風格，才能得到多數消費者的認同，從而保持相對且長期的穩定性。

國外有名的是可口可樂，而台灣有名的典型代表則是養樂多。養樂多沒有定位只能誰才能喝，是男女老少都可以喝，以「健胃整腸」的預防醫學訴求為其價值主張，企圖賣給男女老幼所有可能的消費者。如果你想創業做養樂多的競爭者，是可能成功的，事實上也很多人成功了，因為它的價格只有養樂多的三分之一，席捲了中午的便當市場，我想大家午餐都曾訂過便當，便當附送的養樂多，你仔細看那些都不是真的養樂多，因為真的養樂多比較貴。

3 集中市場行銷策略

集中市場行銷策略就是把所有資源集中起來全力進攻某一個微小的子市場，針對該子市場的特性，設計（至少讓人認為是）完全不同的產品與服務，制定不同的行銷策略，以滿足不同的消費需求。

它的優點是聚焦全部力量精耕細作，在該領域取得競爭優勢，表面上給人成功以小擊大的感覺；裡子上卻取得了高投資報酬率。

例如：當年大車雲集的美國車市，殺出了一家專門開發省油小型車的車廠：德國福斯汽車集中於小型車市場的開發和經營。

我有個會員到中國貴州做養雞生意，如今他的雞肉料理席捲整個四川、湖南市場，你猜為什麼？因為四川、湖南人都很愛吃辣，但他的招牌料理香菇雞湯是完全不辣的，很清淡，反而受到歡迎。因為總會有些人不吃辣、不合適吃辣，或想嚐鮮吃些不辣的料理吧？此時若能推出幾道清淡的菜色，就會令人眼前一亮。

汶萊是個回教國家，回教徒是不吃豬肉，當地有個豬肉王是從金門過去的，他就是靠賣豬肉成為當地的華人首富。為什麼？因為現在是多元化的社會，不可能訂下一個規則，便要所有的人買單，試問汶萊是個回教國家，難道所有居住在汶萊的人都不吃豬肉嗎？去汶萊旅遊觀光的，有很多非穆斯林，汶萊及其周邊地區也有很多華人，而這些人是會吃豬肉的。所以，有時候逆向思考反而能帶給我們不小的商機。例如在一片網路化的聲浪中，魔法講盟辦的課程仍以實體真人秀為主，再將實體課程網路化，短期內即成為台灣培訓界的第一品牌！

網路精準行銷是什麼？

沒有哪家企業大到能生產所有的產品 / 服務，不可能整個市場全做，因為任何企業都沒有足夠的資源和資金滿足整個市場，唯有揚長避短，找到有利於自己發揮且合適的目標市場，瞄準核心消費族群，明確企業應為哪一類用戶服務，滿足他們的哪一種需求，分析其分布特徵，其主要商品資訊的來源和購買傾向，然後進行有針對性地、精準地行銷推廣，成功創造營收！

精準行銷的關鍵在於如何精準地找到產品的目標客群，再讓產品深入到消費者心坎裡去，讓消費者認識產品、了解產品、信任產品到最後的依賴產品。

隨著網路的發展，網路精準行銷以高性價比的優勢，逐漸受到企業的青睞。精準行銷強調比競爭對手更及時、更有效地滿足目標客群的期待。要迅速而準確地掌握市場需求，就必須離消費者越近越好。精準行銷追求直接面對消費者，通過各種現代化信息傳播工具與消費者進行直接溝通，從而避免了資訊的失真，可以比較準確地掌握目標消費者的需求和欲望。

奧美廣告創始人大衛・奧格威就提出過，「精準，更精準一些，甚至要跟消費者建立一對一的溝通關係」而藉由網路及大數據，更能善用客戶分群，瞄準正確客群對他們精準行銷，從而降低行銷成本，提高行銷成效。

由於消費者在購物時，總希望付出最少的成本，得到最大的實際利益，而企業為了滿足消費者的期待、贏過競爭對手，吸引更多的潛在顧客，就必須向消費者提供比競爭對手更多的「顧客讓渡價值」。

顧客讓渡價值（Customer Delivered Value）是菲利普・科特勒在《營銷管理》中提出來的，他認為「顧客讓渡價值」是指顧客總價值（Total Customer Valuc）與顧客總成本（Total Customer Cost）之間的差額。

顧客總價值是指顧客購買某一產品與服務所期望獲得的一組利益，它包括產品價值、服務價值、人員價值和形象價值等。

顧客總成本是指顧客為購買某一產品所耗費的時間、精神、體力以及所支付的貨幣資金等，因此，顧客總成本包括貨幣成本、時間成本、精神成本和體力成本等。

在網路無所不在的今日，網路的發達使得精準行銷經由網路工具與各式新式媒體和直接手段即時向消費者傳遞商品資訊，降低了消費者搜尋的時間成本與精力成本。另外，在家購物，既節省了時間，又免去了外出購物的種種麻煩，降低了顧客總成本。不僅大大節省了企業的成本支出，也減輕了顧客購物的麻煩，提升了購物的便利性。

精準行銷在和客戶的溝通互動上採取了最短的直線距離、雙向的互動交流過程，使溝通的距離達到最短，強化了溝通的效果。實現了「一對一」的行銷，使得企業在設計產品時能做到充分考量了目標客群的需求及個性特徵，為顧客創造了更大的產品價值。在提供優質產品的同時，精準行銷更注重服務價值的創造，努力向消費者提供周密完善的銷售服務，方便顧客購買。

透過一系列的精準行銷不僅能提升企業形象及產品口碑，也同時培養了消費者對企業的偏好與忠誠，提高了顧客總價值。

早期大多數的行銷理論，往往聚焦在如何吸引新的客戶，強調創造交易而不是關係。而精準行銷注重並關心客戶「關係」的經營與生命周期，包括客戶資料的收集與分析、客戶分類、客戶訂製、客戶交流、客戶獲取、留住客戶成為死忠客等。管理大師彼得・杜拉克「企業的最終目的，在於創造客戶並留住他們」。留住客戶最有效的方式是提高客戶對企業的忠誠度。客戶忠誠來自於企業能滿足並超越客戶期

望的能力，這種能力使客戶對企業產生持續的滿意。除了持續的回購之外，還會推薦、分享給親友。客戶價值＝客戶重複購買能力＋客戶推薦購買能力

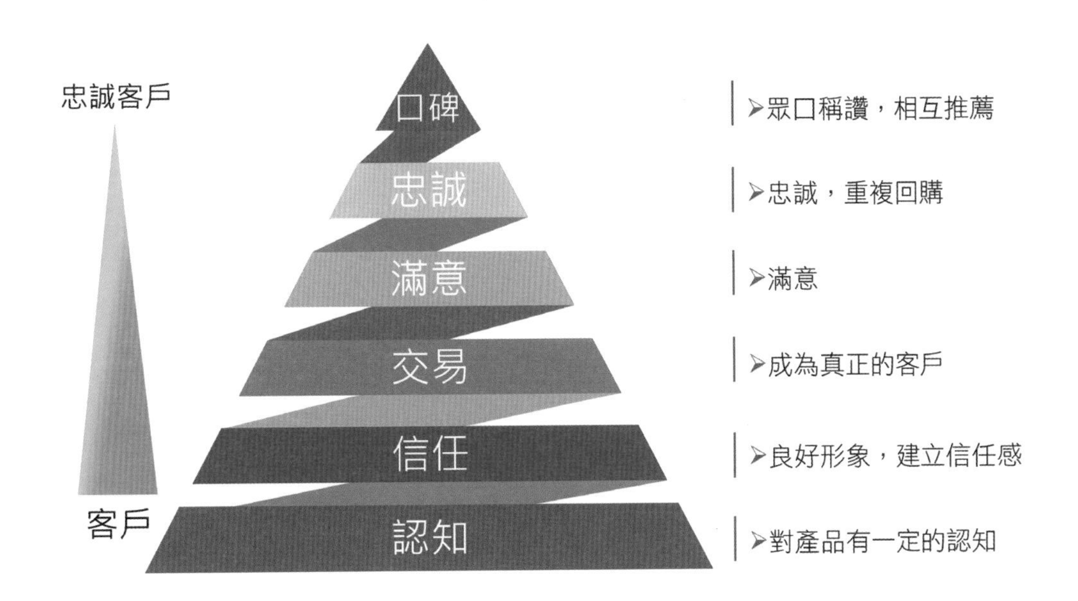

精準行銷有多精準，效果又如何？

當你在瀏覽網站時有沒有發現現在網路上的即時廣告都超級聰明，前一秒你還在查詢日本的賞櫻勝地及航班資訊，下一秒就在臉書動態時報看見廉價航空的機票廣告，說不定，還出現更超值的優惠價格，勾起你購票的衝動。

也就是說精準行銷策略，可以有針對性地因用戶的喜好、性別、年齡與其他屬性做配對或篩選，讓這名用戶在瀏覽網站時所看到的都是他會感興趣的廣告，或是與他搜索的關鍵字相關的訊息，舉例來說：某用戶一直都在搜索以及瀏覽相機、3C 等數位商品的網站與最新商品，透過這些機制，呈現在這個用戶所經常瀏覽的網站上面的廣告，就是一些數位商品的廣告……

Google Adwords 讓廣告主可以依據地區別來設定廣告將在哪些地方展示，也可以選擇刊登在哪些網站之上，甚至可以透過關鍵字的設定來做為廣告投放的依據。要做到這些效果，就需要不斷地去更新數據庫、不斷做分類，精準度才會高。而這些都是因為背後有一套複雜的邏輯運算技術和龐大的數據庫做為後盾與支援才辦得到的。

回想一下當你有預計要買某樣東西時，你是怎麼做的？通常第一步就是連上Google，查查想要的產品有什麼評價或資訊，再決定要跟哪一家購買。例如我之前很想要換行李箱，就先上網Google了一下大家都推薦什麼品牌、我該如何挑到適合我的行李箱等資訊，最後才從中買到適合的產品。

注意到了嗎？其實大部分的消費者都會自行找解答，若賣方能即時提供消費者他所需要的資訊，那麼成交的機會就大大提高。因此，現在的行銷方式已不再只是下廣告而已，而是要將客戶分類，再結合廣告「Inbound Marketing（集客式行銷）」這樣長期經營內容，並持續以優化關鍵字的方式，來讓客戶主動找到你。

時下的大數據分析公司是採行透過網路文章追蹤貼標達到精準行銷。經過貼標之後，就可以更準確地取得消費者的意圖，在了解他們的意圖、動機，就更能清楚接觸到適宜的消費者。

 用對關鍵字，讓目標客群找到你

如果你已經很清楚自家產品的市場、優勢，建議將自身產品或服務的優勢整理成有用的資訊，透過關鍵字優化，能讓客戶在第一時間就看到你。而關鍵字的選用訣竅在於「換位思考」，試想如果你是消費者，會想知道些什麼？分享這些問題的答案，就能得到消費者的青睞，而點擊你的內容。

先透過關鍵字工具，確認大家最常搜尋的相關關鍵字，把這些問題的答案寫成實用的資訊，將關鍵字加到文章標題中，每當有人搜尋相關主題，你的內容就會出現在搜尋結果的最前面，時間一久，你就是這個領域的權威。

例如駕訓班，希望有更多的學員來報名學開車，就可以試試以下步驟：

利用關鍵字搜尋工具，看看市場在搜尋這類主題時都會找些什麼？並選擇一個最

相關又最常被搜尋的關鍵字。假設是「考駕照」。進一步思考一下，搜尋「考駕照」的時候，消費者是想要得到什麼資訊？也許是「考駕照的費用」、「原場地考照嗎」、「保證考取的駕訓班」、「教練兇不兇」將這些資訊寫成分享文或推薦文，並在主標與副標當中，加入「考駕照」關鍵字優化。

在文章的最後一定要加一段文字：想知道更多資訊嗎？請填寫以下表格，將由專人與您聯繫！一定要請消費者留下 Email 等聯絡資訊，如此一來就能收集到有潛在需求的名單，再進一步跟進，成交的機會就很大！

因為科技發達，要獲得網路上的行為數據越來越容易，從消費者看到訊息的入口、停留的時間與頁面等可以分析出很多有用的資訊。例如駕訓班課程，若已經確認想上的人，可能會直接拉到最下面看價格，然後直接留資料，也許停留的時間不長，但很快有回應，就必須好好掌握；而有的人從造訪網站開始，會把每項資訊都看得很仔細後，才會留下聯繫資訊，停留的時間比較長。持續分析這些用戶行為然後加以分類，就能清楚誰才是需要優先處理的客戶。

可見，有效的精準行銷離不開數據分析，完善的 CRM 系統能夠收集每個客戶的資料並進行有效分析，並整合售前和售後服務，建立「以客戶為中心」的管理系統，提供精闢的消費者洞察，以及協助企業擬定正確的行銷策略。

數據整合改變了企業的行銷方式，現在經驗已經不是累積在人的身上，而是完全依賴消費者的行為數據去做推薦。大數據最大的價值不是事後分析，而是預測和推薦，「精準推薦」成為大數據改變零售業的核心功能。譬如大多數服裝訂購網站採用的是儲存客戶提供的個人資訊，形成數據以客製化的方式，進行專屬的服裝推薦。這種一對一的行銷便是最好的服務。可以想見在未來，銷售人員不再只是銷售人員，而能以專業的數據預測，搭配人性的親切互動推薦商品，升級成為顧問型銷售。

精準行銷該具備的要素如下：

- **已經有適合的產品**：產品已確認有相當的市場需求，只是需要將消費者範圍再精準一些，花費心力在已經考慮購買的人身上，就能降低銷售員的負擔。
- **有明確數據來源**：產品介紹或推廣內容發佈後，有能夠取得完整的行銷數據的系統來源，才有辦法評估成效。
- **分析數據的能力**：有了數據之後，最重要的是分析能力，解析各類數據所代表的意義，才能更明確知道如何再優化行銷策略。
- **在適當的時間執行行銷方案**：清楚並掌握消費者的行為之後，就必須開始規劃適合的行銷內容方案，並確實執行優化。

如何做 ?! 給消費者真正有用的訊息！

精準分眾時代來臨，企業必須借助先進的資料庫技術、網路通訊技術等方式以確保和顧客的長期個性化溝通，全面掌握消費者的數位行為軌跡，才能利用蒐集到的數據，使行銷達到可度量、可調控等精準要求，進一步擬定有效的行銷策略。在維持企業和客戶的密切互動溝通的基礎下，精準行銷能不斷滿足客戶的個性需求，建立穩定的忠誠客群，從而達到企業長期穩定發展。

行銷，無非是想衝出更多交易量，擺脫價格戰，將重心放在分眾客群、抓住小眾需求、以及情感體驗上，才能確保源源不絕的獲利。充分利用各種新式媒體，將行銷信息推送到比較準確的客群群體中，既節省行銷成本，又能達到最大化的行銷效果。新式媒體指的是除報紙、雜誌、廣播、電視之外的媒體。例如通訊軟體 LINE 很早就在 LINE@ 上推廣分眾推播功能，LINE@ 藉由分眾推播讓每個店家能夠

和不同的族群對話，避免了用戶收到大量非需求的廣告資訊，也達到精準行銷的效果。

Google 會對使用者近期的搜尋歷史進行記錄和分析，據此了解使用者的喜好和需求，以便可以更精確地呈現相關的廣告內容。

雅虎因為掌握了海量的使用者信息，如使用者的性別、年齡、收入水準、地理位置以及生活方式等，再加上對使用者搜尋、瀏覽行為的數據記錄，使得雅虎可以選擇要讓什麼橫幅廣告呈現在哪一類的使用者面前。

隨著電子商務的蓬勃發展，消費者們一方面樂見網路商店商品多元而豐富，幾乎想得到的都有賣，一方面也苦惱於隨著商品的增多，要想在網路上找到想要並中意的商品卻越來越有難度。雖然幾乎每個網路商城都有站內搜尋，但效果還是不能令人滿意。於是，許多知名的電子商務網站，比如博客來、PChome、momo購物中心、Yahoo……等都陸續引進個性化推薦系統達到精準行銷目的。

網站站內推薦系統能幫助使用者從這些網路過量的信息裡面先行替他篩選他所需要的信息，達到精準行銷的目的。目前像是電子商務網站、媒體資訊類網站……等都逐漸引進站內個性化推薦這樣的方式進行精準行銷。像馬雲的淘寶、阿里巴巴其最厲害的行銷手法莫過於透過數據分析來推薦每位消費者有可能會購買的商品，「猜你喜歡」功能是非常著名的精準行銷案例，往往讓許多消費者荷包大失血，也為企業帶動不少業績。

藉由個性化推薦系統的推薦引擎能深度挖掘出會員的個人喜好，能客製化地打造個性化推薦欄，貼心地向使用者展示符合其興趣偏好和符合其搜尋商品類似或相關的商品，也可以列出同類向的銷售排行以方便網購者選購，提高網購效率。幫助使用者更快速、更容易找到所需要的商品，讓使用者能有更便捷愉快的網購體驗。

如何通過網路，開展精準行銷？

1 利用問答類網站以及免費信息發布平台

問答類網站平台是非常好的精準行銷管道，因為透過回答線上網友的提問，把自家商品的信息傳遞出來，這就是及時的一對一精準行銷，而且如果有其他人關注這個問題的話，那麼經由搜尋引擎也讓他們獲知我們的產品或服務，而且通過這種傳播還能夠產生明顯的口碑，這類平台有 Yahoo 知識+、PTT、Mobile01、LINE Q，……等「問答」平台。

另外通過免費信息的發布平台也能夠做到精準行銷，例如到各大分類信息網發布自己網站的信息，或者發布產品／服務的信息，而大多數會造訪這些網站的使用者都是有需求的潛在客戶，一旦發現你的服務或產品是他所需求的，自然就會考慮買你的產品／服務！

2 把「促銷活動」精準推送給需要的人

當造訪網站的消費者曾瀏覽過「美白精華液」的商品時，就在其身上貼上標籤。未來當「美白精華液」有優惠活動時，就會選擇推播給那一群身上有「美白精華液」標籤的顧客。透過這樣精準地讓顧客接收到他需要的資訊，也就能在第一時間滿足他們的需求。如此一來不但轉換率能提升，也不容易被他們列為拒絕往來戶。轉單率就會比廣泛地撒給全網站用戶更高！

3 將「新產品」資訊發給對該類型產品有興趣的人

曾經在該類型產品的在網頁上反覆瀏覽、比對，但卻沒有下一步動作的人，或是曾參與線上社群活動領取試用品的人。或是可以設計一波互動活動，找出對這類產品有需求的粉絲，之後再把這個訊息推送給這些人，點擊率肯定會比群發訊息更高！

此外，當行銷部門發出電子報後，應該有一套信件分析系統，統計其發信成功率、失敗率、開信時段、開信的裝置……等，如此一來便能檢測會員名單是否正確、會員是否對信件內容有興趣、開信後帶進的網站流量分析。將每次活動的數據轉化為有用的資訊，每單一性的行銷活動都該將資訊整理，並匯入至行銷資料庫，將客戶／潛在客戶做出屬性分群，深度數據分析，以便下一次行銷能做得更精準，帶來更多的成交量。

4 設計 VIP 的專屬活動或個性化套餐

網站經營一段時間後，應該就能收集到不少客戶資料，找出經常消費的粉絲客戶，將他們標識為 VIP。推播專屬於 VIP 的優惠跟商品資訊，刺激他們繼續購物，強化他們的黏著度。

有些顧客比較沒想法或比較忙，若是商家能貼心地提供推薦、搭配組合、購物懶人包，並搭配優惠價格，例如長期訂購或預購享免運，或是依照顧客風格、尺寸，推薦適合的商品（ex. 水潤美白組合餐、森林系女孩衣櫃必備組，購買組合系列紅利點數雙倍送……等）。

10 TOPIC

不是每一位消費者都是你的顧客

網路時代下，因應大數據浪潮的來襲，行銷的方式也在近幾年產生劇烈的變化。由於網路的普及與發達，消費者閱聽習慣因而轉變，對手機、數位裝置的黏著度提升，讓許多行業紛紛將預算進行轉移，花更多心力在網路行銷這方面。有別於傳統行銷，網路行銷不再侷限於多而廣的大眾宣傳，反而更應該專注在找到正確目標客群，訴求對的行銷策略，用最低成本達到其目標。

如何找到對的客戶？

如今的消費者每日幾乎被動地要接受成千上萬的廣告資訊，根本不可能對每一則廣告或行銷活動都有印象並關注。所以對行銷人員來說如何有效找出對的目標對象進行對的產品推播，是首先要思考的。

請先確認好你的目標是什麼，千萬不要想亂槍打鳥，這樣不僅會花很多廣告費，效果也很差。舉一個我的經驗與大家分享，我的王道增智會在 FB 上有兩個粉絲頁，一個是公開的；一個是非公開的。那個公開的粉絲頁是誰都可以上去看，還可以買廣告。另一個非公開的那個就只有我的會員和弟子可以觀看，結果每次當我要推廣什麼課程或產品，那個非公開粉絲頁反而銷售得比較好。那個公開的社團即使花了廣告費有好幾千人來按讚，最後也沒成交幾筆。

所以確定你的目標非常重要，如何匯集這些目標，讓這些目標來注意你，就是一門學問。

首先是設定目標客群，千萬不要再將所有的人、男女老幼都設為你的目標客群。

你必須要分眾，甚至可以只有 1 人，而這就是我要教你的一個訣竅——

當你在公眾演說一對多銷講、當你寫文案的時候、當你寫一本書的時候，都有一個共同的撇步，那就是對著一個你設定好的人講，自己設定一個聽眾、觀眾，千萬不要想說要對著全世界的人講。每次我演講時，台下大爆滿，但儘管台下人再多，對我而言都是一個人，而那個人是什麼人呢，那個人就是我的目標市場。

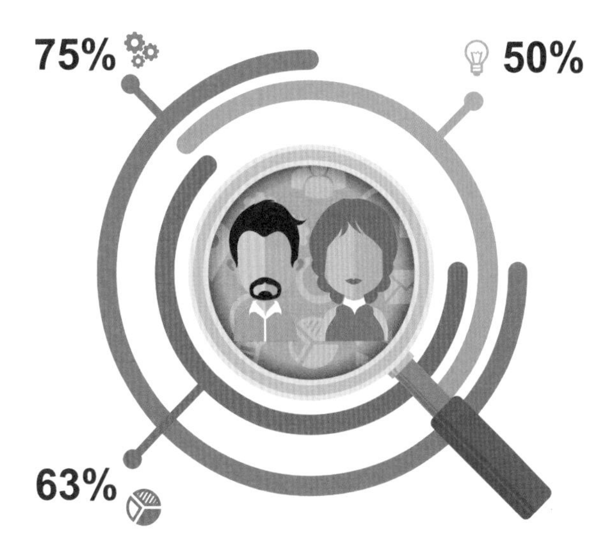

我公司旗下有一雜誌品牌 EF，如果你問 EF 的員工她的客戶是誰，他們都能回答一個清楚的形象，在台北敦化北路一棟大樓裡的一名上班族，女性，二十五歲左右，未婚，目前有男朋友，準備結婚生小孩……講得詳詳細細的。EF 雜誌主要就是編給那個人看，這就是目標市場的概念。

但是，真的就只有那個人會買嗎？當然不是，很多人都會買——三十歲的女性會看，五十歲的女性也會想看看，因為她們都想抓住青春的尾巴。所以這雜誌設定的目標市場，就是一名在金融業上班的時髦女性，也嚮往婚姻，想有自己的孩子；因此，這本雜誌也適合育兒知識之類的，例如也可以放婚紗特輯或海外婚禮之類的，這就是目標市場的概念。

將目標對象具體化、形象化

行銷最重要的就是你可否實現他的願望？可否解決他的問題？可否消除他的煩惱？請問這個「他」指的是誰？就是你的目標客戶。

我們出版界訪問過很多歐美的暢銷書作家，他們幾乎都不約而同地表示自己在寫書、寫稿時，都是對著一個人寫，而這個人可能是實際的，也有可能是虛構的人。美國有一位很會寫小說的小說家，他說他寫作時，設想的對象是他的前前任女友，他說得出她的姓名，住家在哪裡，做為他的設定目標，結果也是上千萬人購買。所以有些人是寫給一位虛構的人，有的是寫給某位真實的人，特地寫給他看的，都會有一個目標對象。

我們看 Discovery 獅群遇到一大群羚羊時，獅子如果一開始沒有鎖定其中一隻羚羊，最後牠是一隻也抓不到。雖然是一大群幾百隻、幾千隻的羚羊群中，一隻獅子撲了進去，你想隨便好歹也會抓到一隻吧，你錯了，牠一隻也抓不到，除非正好有一隻羚羊腳斷了或是撲到一隻幼小的羚羊，那也許有可能。所以，雖然面前有幾百隻羚羊，但獅子在追捕的時候也已經設定好目標了，鎖定這幾百隻羚羊中的某一隻去追，這就叫設定目標。最後往往會成功，當然所謂的成功，成功率雖然只有四成，但是夠了。所以一開始你就要設定目標，你才容易達成，要是沒有設定目標，認為隨便都能撲倒一隻，通常是一隻也抓不到，除非你運氣很好，才有可能遇到一隻受傷的羚羊。

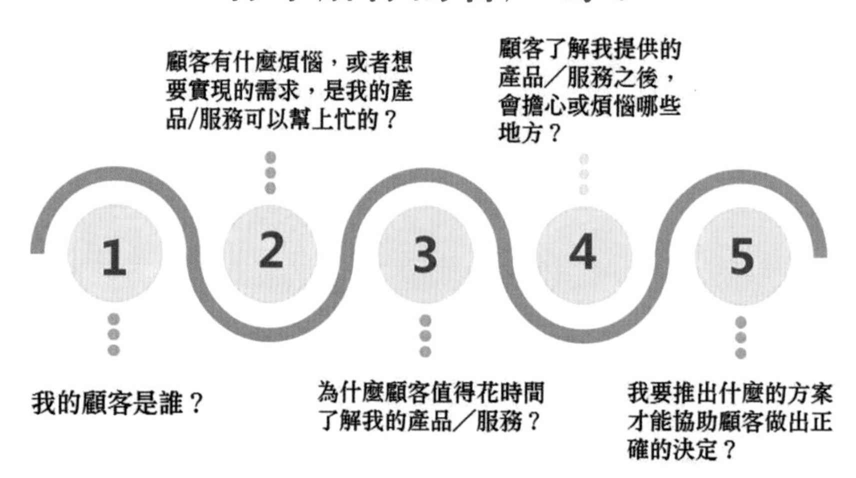

 用什麼辦法去吸引客戶？

時下可用的網路推廣方式太多了，並且每一種都可以達到一定的效果，但如果企業每一樣都採用，除非公司極具實力且運氣極好，否則一定是燒錢，效果又不好的結果。

人們都在找「懂我」的人，而這個人們指的是消費者。假設你自己也是消費者，想想看你會被什麼人打動？答案是會被懂你的人打動，他懂你的問題在哪裡。

如果要你上台來賣東西，絕對要訴求針對顧客痛苦的解決，不能只是說你的產品多好多好之類……的，你要說明你的產品能解決什麼樣的痛苦或煩惱，潛在消費者們通常才會買。

例如，客戶有什麼問題，是你的產品或服務可以解決的。像我會買艾多美的牙膏，很大一條才賣九十多元，當初銷售員問我牙齦是不是偶而會出血，結果我用了幾次後就真的不會再出血了，他解決了我的痛苦，我就被成交了。

推廣的方式自然要選擇能吸引目標客戶的，所以要精選一兩種方式，集中精力、人力和財力重點突擊，只有等到現有的方式達到預期效果並能保持後，再考慮適當加入其他新的方式。行銷人員需要善用企業內部既有的客戶資料，將他們的個人基本資料與地理屬性透過購買習慣、會員種類、曾參與過的活動類型等進行客群區隔，並透過其簡單易操作的客戶資料庫，將客戶進行分類。如此一來未來進行行銷企劃時可快速找到訴求對象。

如何讓消費者決定選擇你？

一流的醫生從來不會去找病人，而是病人自己找上門，一流的大師也不用主動去招募弟子，而是學員會主動要求想成為大師的弟子，一流的行銷人員也是，要讓顧客自動找上門——這就是行銷的最高境界。

客戶選擇你的理由，就是指你在客戶心中獨一無二的位置。所以你要為你的產品 / 服務製造識別度，從洞察你的目標客戶的核心需求出發，去分析他們的喜好與痛點，在產品、服務、形象、價值等方面與競爭對手做出明顯區別，會比較容易讓客戶接受與認可。避開競爭對手在客戶心智中的強勢，或利用競爭對手強勢中隱性弱勢，來取得你在客戶心中無法取代的地位。

便利商店為何不斷擴增，提供各種想得到的與想不到的服務？

從服務與產品的觀點切入，其實當今實體通路都在談「體驗」，試圖在既有的販售模式中加入更多體驗與服務，以此吸引消費者上門。很多商店都提供免費的服務，且有些商店不但免費，還可以倒貼？台灣最多做到免費，而中國大陸則很多服務是倒貼的。

請問 7-11 為什麼在鄉下或郊區的分店很多都會設廁所，因為它想解決你一切的問題，試想在連假時你們全家去自駕遊，不管是在中南部或是東部，你除了會有上廁所的需求，你可能會肚子餓，便利商店的用餐區、ibon 或類似的智能服務，或其他各種的問題，而 7-11 就想滿足你的一切需求，於是你就會把車停在 7-11 店門口，除了上廁所之外也會順帶消費。

在如何讓消費者認為非你不可。明白告訴消費者你的產品 / 服務最好、價格最實惠、售後服務最好、公司信譽良好，甚至讓消費者知道從哪裡可以得到證明，例如自己的重點客戶……等。這個競爭激烈的市場，你必須比客戶想得多、想得全，才能真正收服消費者愛用你的產品，依賴你的服務。經由一連串的網路行銷動作，能及時和迅速地收集客戶的想法變化和意見建議，還能根據相關信息來改善或提供更多更好的產品和服務，形成公司的品牌效應。

與大家分享一個小故事。通常我們家飯後都有吃水果的習慣。從以前到現在我家共請過三個外傭，最開始請的外傭 A，她是把蘋果洗了，拿出來給家人吃。後來因期限到了，改換成外傭 B，她是把蘋果洗了，削皮後再端上桌。而目前現在這位外傭 C 則是把蘋果洗了，削皮，切成塊，在盤子上擺成心形，邊上放置好牙籤，再端出來給家人享用。由她們的服務來看，外傭 A 只能打 50 分，第二位外傭 B，可以打 70 分，而第三個外傭 C，可以打 100 分。同樣是吃蘋果，享用的人體驗到不同的價值，這就是服務差異化！你會因好的服務而印象深刻，下次還想被她服務。在這體驗經濟的時代，服務是產品不可分割的一部分。PChome24h 購物首創全台保證 24 小時到貨，進一步鞏固了其電商龍頭的寶座。而風風火火的海底撈，憑藉著其極致、到位、溫馨的服務，在中國餐飲界更是颳起了一陣旋風！

結論是客戶想得到的和想不到的服務都要提供，人家才會理你，你的公司或產品才會成為客戶的選項之一。

消費者最終買了你的產品或服務，但還不能算完結，還需要再繼續確保有回購率和推薦率。還要能做到留住客戶和增值服務。對於任何一個企業來說 ，完美的品質和服務只有在售後階段才能實現。而且忠誠顧客帶來的利潤遠遠高於新顧客。只有通過精準的顧客服務體系，才能留住老顧客，吸引新顧客。

花若盛開，蝴蝶自來！其實只要花開了，哪怕只是小小的一朵，也會有蜜峰來採蜜！所以我們必須想方設法創造讓客戶自動上門的環境，讓客戶找到自動上門的理由，只要花開枝頭，客戶聞到香味，便會自動找上門了。

各位想想看，自然界，花開了，它要不要做宣傳，不用，蜜蜂自然會去找它，因為它的蜜很甜，但它還是要靠香味或是花朵來做它的 Marketing，不然的話沒有蜜蜂會知道它有很甜的蜜。

關鍵就是要讓人家知道你，然後是很重要的四個字：定位要清楚。在行銷學上定位非常重要，定位的英文是 Positioning，就是你的位置是什麼要讓大家很清楚。

11 TOPIC 找對粉絲，分眾行銷

千萬別想要把相同的東西賣給全部的消費者，你不可能討好所有人，想討好所有消費者的企業，最後反而誰也沒討好到，就像我們看電視上演的，政治領袖若想討好所有人，通常下場就是父子騎驢，想滿足所有人，結果卻誰都不滿意。所以，你只要在乎並專注在那些真正有需求的客戶。試想那些國際精品名店是不會在意平價客群，他們的目標本來就是金字塔頂端的人。你的客群分得越正確，就能精準地對他們進行客製化行銷。

分眾鎖定適合的客群，為的是能將「對的訊息傳給對的人」。傳統的行銷手法是將同一份電子報寄送給所有顧客，最後換來的是被顧客已讀或是直接封鎖，轉換成效極低。而現今拜網路科技所賜，我們可以透過 FB、Line@ 來為顧客分群，依照顧客不同喜好推出專屬於他們的行銷策略、產品組合、服務與優惠。

你可以利用社群媒體設定不同受眾，如果你是一家美妝保養品廠商，產品類向多元，可以透過 FB 區分出不同年齡層的目標顧客，在不同檔期推出行銷活動，在母親節前推播抗皺產品；在暑假前推出防曬底妝的組合優惠。在冬天推出保濕修護組……依不同受眾推出行銷方案，不僅能提升點擊率，加大行銷成效，更能為你打造高黏度鐵粉。

 做好市場定位，找對粉絲群

在這個得粉絲者得天下的網路經濟時代，如何才能打動消費者，讓他們成功轉粉，維持長長久久、甚至是一輩子的親密關係，對你永遠追隨呢？

要讓別人成為你的忠實粉絲，最基本的就是要有優秀的「產品／服務」。

聚集粉絲，首先要知道什麼樣的人群才是自己的銷售目標。你的目標受眾 TA（Target Audience）在哪裡？你想經營的社群會在哪裡呢？是中高端人群還是低端消費者，青年人、兒童還是老人，男性還是女性，上班族還是企業主，這些都是最基本的市場分析與市場定位；只有知道自己的目標，才能做到有的放矢，有針對性的行銷。舉例來說，如果你是做電玩的，你的目標就要鎖定學生、年輕人，去他們常會在線上出沒的論壇、類似的電玩社群。如果你賣的是化妝品，就要常去 Dcard 美妝板、美妝保養討論區 FashionGuide、UrCosme 貼產品體驗文：若你的受眾對象是上班族男性，那你一定要好好運用以討論 3C、家電、汽車為大宗的 Mobile01。想一想任何可能聚集你目標客群的地方，去凝聚你的社群。人們對有興趣的事物總是充滿好奇心，也享受獲取新知的喜悅。他們都喜歡那些對產品使用的經驗分享，或是專業人士、行家、職人的指導意見與分享。不管是哪種分享，分享的內容越有價值，那麼成為你粉絲的人就會越多。

此外，你還可以直接到競爭對手的地方或社群去找潛在客戶，例如：如果你是做培訓教育的，你可以在對手公司開課的教室外發你的宣傳 DM；若你是出版商，你更可以多加利用國際書展，在展場裡廣發新書與暢銷書的限時特價方案。或是到對手的 FB 粉絲專頁去邀新朋友加入你們家的 FB……等。

目標族群確認好了，接下來就是要加深其對我們產品／服務的認同感，也就是透過愛用 → 好評 → 持續回購 → 鐵粉，鐵粉除了是購買產品的主力，也是最好的宣傳者，他們會主動幫忙宣傳給其他潛在消費者，當被其它品牌或網友抨擊時，鐵粉們也會主動站出來力挺和澄清。

確定的目標使用者是陌生的，也可以叫作「全新使用者」，你的策略是進一步溝通促成交易；對於已經購買過的用戶，就定義為第二類「已買用戶」透過數據分析，在用戶 / 客戶需要的時候，精準地將服務、產品擺放到顧客面前；對於購買了一次之

後還要再次購買的用戶，定義為「信任用戶」，此時重複購買已經帶來利潤，這時你要再提供優質的服務，培養他的忠誠度；還有一種是購買的金額一次比一次高的用戶，就已經是「鑽石用戶」了，即所謂的最忠誠粉絲。

對使用者進行等級劃分的目的在於掌握自己的粉絲結構，並採取相應的行銷方案，瞭解不同的粉絲等級能夠為企業帶來的利潤空間。

圈粉、養粉，把「一樁」交易，變成「永久」交易

得用戶容易，轉粉難；得粉絲容易，養粉難。對於新接觸到的消費者，好的產品及服務是影響他們留下的重要因素，良好的用戶體驗才能提高用戶轉粉率。

創造讓消費者滿意的消費體驗，愉快的產品或服務的體驗經驗是建立起忠誠度的根基。完整提升顧客體驗，良好的消費者體驗建立在流程化 & 客製化服務上，以超出顧客期望為目標，提升消費者滿意度。像是許多廠商在紛紛推自己的 App 後，再推出行動支付，有助於提升使用率和黏著度，如全家的 My FamiPay、全聯的 PX Pay，透過行動付款搭配點數回饋，能形成正循環。這些便捷的增值服務可有效增強客戶黏度。

中國精油品牌「阿芙」還專門設置了「CSO」（首席驚喜官），每天在淘寶平台上找潛在的優良顧客，也許是有名氣的藝人、專業的部落客、愛開團的團購主，鎖定目標後就會寄個驚喜包裹給對方，為這個可能的「意見領袖」製造驚喜，帶給他一次難忘的體驗。借著「意見領袖」的影響力，就能為產品創造話題，帶動關注熱潮，甚至「帶動風向」，影響廣大網友消費，帶來一波潛在的目標客群。

只有給用戶體驗的機會，用戶才會無償地給產品代言，成為最忠誠的粉絲。行銷就是從用戶體驗開始的，讓使用者在使用產品和享受服務的過程中產生心理變化、感受變化，對產品產生好感，如果能給用戶一個積極、高效的體驗，他們就會持續使用

你的產品。但前提是要保證產品的高品質和高性能，讓產品能滿足使用者的實際需求，提高其生活品質或是提高其工作效率，這樣的產品才能在高效的體驗中，吸引用戶成為忠誠粉絲。

消費者買了你的商品或服務後並不是交易的結束，而僅僅是「粉絲模式」的開始，有了第一次交易之後，使用者在產品本身的使用過程中認可產品，然後在享受使用者服務的過程中產生情感。好的服務大多會超出消費者的心理預期，不管是售前諮詢還是售後服務和維修，都是打動消費者、征服粉絲的關鍵點。

加強和優化你的服務能從情感上征服粉絲，讓用戶在滿意的體驗中感受產品、接受產品、愛上產品。自然就會持續回購，成為死忠粉。如今的消費者有太多的選擇，變得更加挑剔，如果企業不專注於用戶體驗，即便你的產品功能再強大、價格再便宜，最終還是留不住用戶，又如何才能引導粉絲重複進行購買，給企業帶來豐厚的利潤呢？

由於新客戶的取得越來越難，更突顯舊客戶的可貴。粉絲經濟時代，誰能掌握住粉絲的心理變化，誰就能夠占有市場；誰的粉絲數量更多，誰的市場占有率就大一些；誰的粉絲忠誠度更高，誰的產品和服務就更成功。忠誠的粉絲就意味著能夠帶來持續的購買行為，同時也會對品牌傳播產生積極有效的作用，為你帶來更多新用戶。

社群、官網互相支援，互導流量

除了社群粉絲團的經營外，也別忘了企業官方網站的建立與維護。官網是讓消費者了解「企業價值」以及「品牌核心」的重要橋梁。不管是 FB 粉絲團、LINE@、YouTube……這些都是屬於系統平台商的，唯有自己的官方網站可以自己決定要經營

多久、企業形象的設定產品或服務怎麼賣？全掌握在自己手中。而且當網友進入到你的企業官網，看到的一定都是關於你的品牌或是商品服務資訊；但在社群平台上，每一個使用者看到的是滿滿的各家資訊，及不斷更新的首頁。所以官網和社群平台是要相輔相成的。舉個例子，假設你打算要換新車，你可能會選擇哪種方式？

- **上網搜尋資訊**
- **在社群平台上問問眾網友的推薦**

所以如果你是車商，你就要有官網讓消費者可以搜尋到品牌相關的正確資訊如你的產品、你的新車主打、你的優惠方案；你還要經營社群口碑，讓你的用戶、粉絲在社群裡主動為你宣傳，推薦你的車款。

而經營企業官網除了要積極多曝光自家的網站，搭配 QR Code 二維條碼，客戶只要用手機掃描就能直達您的網站；還要保證企業網站的功能正常運作，並保持網站內容的固定頻率更新，以拉高網站被搜尋到的機率。善用社群平台提供的外部平台嵌入功能，將社群上的動態連同留言一起置入到官方網站中，能增加潛在消費者前往社群的可能。官方網站的流量來源，除了是花錢買來的流量外，還有自然流量，就是消費者自己找上門的流量，而好內容是吸引自然流量的關鍵。

積極使用社群網站 Facebook、Twitter、Plurk，可以提升與消費者或會員的互動性與行銷策略的施行，利用社群的機能，也能讓客戶提高造訪您官方網站的意願，從社群媒體導流回官網，雖然有助於打開官網知名度，但唯有致力於開拓多元的流量來源，包括自然搜尋、直接搜尋、社群媒體、電子報、外部連結等。這就解決了經營官網容易產生流量不足的問題，當企業官網有新增內容或活動、公告時，同步分享到社群平台，除了可以讓社群當中的追蹤者立即接收到企業品牌的最新資訊，更能有效地將社群的流量導引到官網的活動頁面直接消費下單，也能提高在搜尋引擎當中的效益。

企業官網可以帶來搜尋訪客的平台與社群之間的連結，如此才能有效地將已經感興趣的粉絲導引到社群中，讓他們能進一步追蹤自家的產品或活動。各種社群、部落格或論壇都是在某些方面具有同質性的消費者的集合，若是在這個群裡發布與這些人的共通角色或他們感興趣的事物或活動，傳播效果是非常廣的，因為粉絲或用戶的推薦在影響用戶是否購買的決定性因素中是非常重要的。而許多大企業、跨國企業都選擇在社群網站上樹立品牌形象，例如可口可樂、星巴克等國際企業，不只是 Facebook，在 Twitter、Instagram 等社群網站都可以看見他們。鼓勵使用者上網撰寫心得，或是在社群網站，如 Facebook 上留言評論，因為消費者反而更青睞體驗過產品的人所寫的評論，因此不必花錢砸廣告就能大幅提升品牌的可信度。

分眾行銷，將流量變商機

社群是將一群有共同目標、共同愛好和興趣或者共同用戶體驗的一群人聚集在一起，可以即時互動、高效溝通，建立起經常性的聯繫，彼此共同學習、交流和資源合作。成員可以參與社群討論區以瀏覽共同興趣的主題，以及討論共通問題的解決方案。社群可以連接人與資訊或商品，通過社群可以更快捷、更低成本地取得自己想要的有價值資訊。

當社群成員分享個人喜好和共同體驗，並透過網路跟帖或發貼文發表意見時，使其他成員能獲得更真實有用的分享文，營造出一種越分享收穫越大，樂於分享和助人才會對別人有價值認同感。這種使用者體驗分享的方式，達到的效果已不僅僅是單一的個別累加，而是呈倍數地成長。通過社群和產品相結合，社群的成員將成為你產品的消費者，或者成為你的代言人或鐵粉，這就是社群「參與、融入、轉換」的特質。尤其是社群成員對特定型號產品的關注或討論，會帶動產品的詢問度和買氣，因為售後使用者的評價會刺激下一位消費者購買與否。市場調查

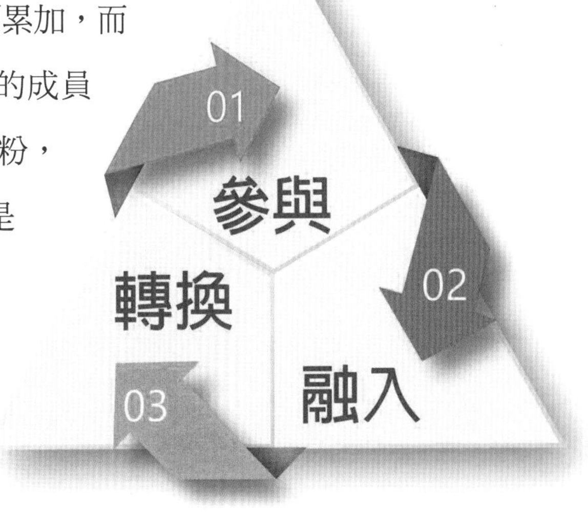

01
參與
02
融入
03
轉換

顯示：七成以上的線上購物者會參考其他使用者所寫的產品評價，因此社群不僅會成為公司和產品的品牌行銷平臺，也會是成為消費者對採購產品或品牌發表看法的資訊集散地。透過社群媒體，消費者有個平台能評價、留言、回饋，也促進了口碑行銷。

不同的社群平台因不同的特性，所針對的目標族群、年齡層也有些許不同，每一個社群平台的使用者，喜歡的內容與形式都有不同。所以在確定核心價值後，要從潛在客戶、產品、品牌精神及客戶的痛點或需求做內容發想主軸；以 Facebook 和 Instagram 而例，Instagram 的使用年齡層較低，多是喜歡展現個性自我的年輕人，因此在 Facebook 上可強化商業宣傳，在 IG 則傾向走生活風，如此一來，追蹤者可透過 IG 感受到品牌另一面而提高品牌黏性，進而將好感延伸至社群行銷主場 FB 上，優化整體效益。所以千萬不要「一招半式打天下」，請務必多了解各個社群平台的屬性、特色，依據不同社群平台擬定不同的行銷策略、活動。

隨著網路的普及形成了資訊爆炸的時代，消費者不再輕易接受企業提供的廣告資訊，與其發出無限量的訊息淹沒粉絲，企業更應該依產品的目標客戶選擇適合的社群，針對不同平台上受眾族群的年齡、地區、興趣喜好，關注在顧客的需求，透過標籤分眾去剖析消費者輪廓，了解顧客的特性，進而針對不同的客群規劃行銷策略。

想掌握消費者輪廓，可以從「社群」和「訂單」來分析。透過訂單和社群，我們能知道「誰在買」、「怎麼買」，就能依此針對不同客群，設計不一樣的商品組合和價格，並在對的時機打出「折扣價」，或提供客製化的高品質服務，讓客戶滿意而願意再次回購。建議每隔一段時間，將訂單攤開來整理，檢視不同受眾的消費習慣。

多方嘗試及調整後，傳達相對應的喜好內容，才能發揮效益。例如狗糧廣告沒有必要對全部的消費大眾做，因為不是所有的人都有養狗，這就必須進行分眾行銷。而且，發送過多廣告訊息會影響點閱的意願，甚至引發反效果，因為粉絲被海量的廣告訊息淹沒，收不到真正需要的資訊，很多都是直接封鎖你、拒絕你！不僅流失流量，連與客戶的接觸點也就這樣沒了。所以，不要再「無差別式地廣發」！而是要研究如何把正確的訊息在正確的時刻發送到正確的人手中，精準地滿足顧客需求，以個人化行銷提高轉單成功率。投放廣告時，先不要預設立場，不妨多多嘗試不同的條件組合，再透過廣告成效驗收成果，反覆修正，才會越來越精準。

社群行銷可以幫助公司與客戶建立互動、聯繫，增加品牌曝光及認知度，即時回覆消費者訊息，還能提升潛在客戶和銷售額以及品牌可信度。粉絲意見不僅可以做為日後升級產品或服務的改良依據，也能讓粉絲們感受到被傾聽和被尊重。不要怕網站上的顧客評價或意見區被留下壞評，因為這樣反倒能提高其他好評的可信度。近八成的消費者收到品牌個人化訊息或服務體驗時，還會更進一步推薦該產品給他的親朋好友，一次美好的體驗會令他再次回購。

如何提高推播轉化訂單的成效呢？

從尋找潛在的目標客群，到最後導購，都可以透過社群來操作。在 FB、Line、IG 等社群上創造特定的訊息或內容來吸引消費大眾的注意，引起線上網友的討論，進而去傳播散布或分享這些內容。針對陌生客戶，你可以試著去觸動消費者可能的痛點，或心中渴望，把潛在客群揪出來。此時行銷的重點不是在產品，而是聚焦在消費者身上，要想吸引和留住潛在客戶成為粉絲，必須拿出更有誠意的內容，如刊登新奇、有趣貼文，吸引你想吸引的客群，創造目標受眾喜歡、會分享的內容。增強內容與粉絲之間的黏性度，培養粉絲主動閱讀內容的習慣。像是：稀缺價值的內容能引發用戶分享收藏，爭議性的內容會引發用戶激烈參與，獨一無二的內容會引發用戶持續關注。使貼文更快速累積熱度，熱絡的互動也能引起非粉絲群體的關注，為貼文帶來更多曝光。

找出來的這群人可能就是你的潛在客戶，你可以進一步對他們投其所好發送符合他們需求的產品相關內容，也可以趁勢置入品牌，提高品牌知名度。過程中，還可以

不斷的累積廣告受眾的資料進而重複利用或進行數據分析。例如你可以運用 LINE 官方帳號內建功能：在發送訊息時，傳送範圍選擇「依屬性篩選」就能做分眾訊息推播。

在貼文內容與受眾的痛點和需求產生共鳴後，緊接著就要設計更有價值的內容來促進轉化，比如提供可下載的完整內容（解答）、或更有針對性的解決方案（購買產品或服務），又或者是報名參加一場有價值的實體活動。

社群經營在於質精不在量多，每個月 2 ～ 5 篇有針對性的行銷規劃，並搭配小預算曝光，觸及目標族群，讓潛在戶客確實收到你的訊息，會比每天對所有粉絲發佈訊息，但沒有曝光的投資回報率好。就能「在對的時間、把對的訊息、傳給對的人」讓客戶愛你而不封鎖你！

當客群細分得越準確，越能精確瞄準目標。最後會發現：你所尋找的客戶，可能也正在找你，藉此達到雙贏的局面。

不管是網路拍賣、蝦皮，還是其他線下銷售平臺，都應視消費者評論為至寶，無論是平時社群動態留言中粉絲提出的問題、私訊的發問或是自發性留言在專頁版面的內容，一個消費者的疑問，可能就代表著眾多消費者的疑惑。只要你能將這些訪客、粉絲的留言或問題做為發想來撰文，包裝入你的商品內容，以素人提問切入，更能貼近多數粉絲的需求。

企業更可以持續關注特定領域並且樂於分享各式各樣訊息的 KOL（關鍵意見領袖 Key Opinion Leader，KOL），與這些意見領袖、部落客和版主合作，透過寫口碑文或是拍攝 YouTube 影片，來宣傳自家產品或服務，透過目標受眾關注與追蹤的 KOL 來加深目標受眾對自家品牌的正面印象，更容易取得對應群體的注意與信任，連帶對此族群的決策行為產生極大的影響力。社群行銷除了要懂得利用 KOL 帶動議題的能力，更要懂得選擇「對的平台」與「合適的 KOL」才能達到事半功倍的效果。

做好SEO，成功轉換網站流量與訂單

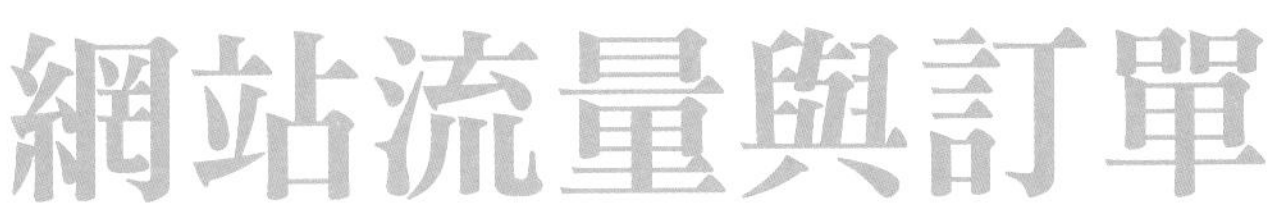

維基百科是這樣定義 SEO (Search Engine Optimization)：搜尋引擎最佳化，是一種透過了解搜尋引擎的運作規則來調整網站，以及提高目的網站在有關搜尋引擎內排名的方式。讓網站在使用者搜尋某個關鍵字時可以得到良好的自然排名，進而提升網站的流量；達到開發客源、商品曝光、提升銷量……等等的種種目標。

搜尋引擎優化 SEO（search engine optimization）就是透過優秀的內容經營，讓店家的文章自動出現在消費者的搜尋結果中，消費者會在不知不覺間接觸到店家的資訊，店家即可被動曝光在消費者面前。

下圖圖中最上方的搜尋結果是有被標註為「廣告」的，這就是可以在「Google Ads」的平台中進行競標而達到曝光的「關鍵字廣告」；緊隨在後的搜尋結果才是在 SEO 世界中自然的排序。

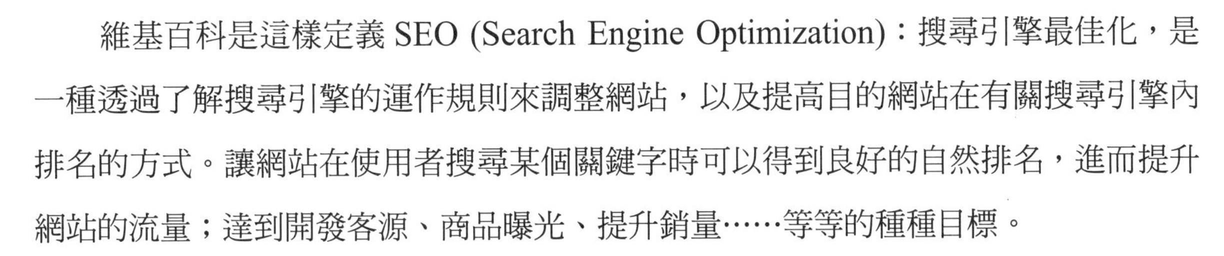

 搜尋行銷，讓顧客快速找到你

過去消費者的購物習慣是 AIDMA：A（Attention）引起注意→ I（Interest）產生興趣→ D（Desire）培養欲望→ M（Memory）留下記憶→ A（Action）促使行動。

如今因網路發達，大多數的使用者行為早已轉變為 AISAS： Attention 引起注意→ Interest 產生興趣→ Search 主動搜尋→ Action 行動→ Share 訊息分享，其中「搜尋」與「分享」是網路時代下的產物。

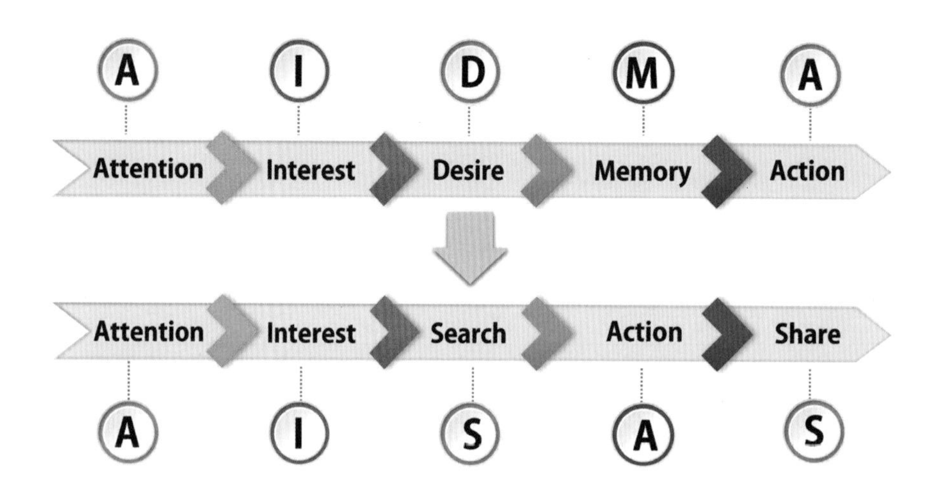

因此，網友在網路上搜尋變得比以前更加頻繁，在網路上分享的訊息，比以前更巨大。根據統計，Google 每天執行的搜尋大概是 30 億次，但網友並不是在搜尋「廣告」，而是在找有用的資訊、感興趣的內容，所以，你一定要在網路上留下一些東西，無論是圖片、文字或影片皆可，這樣網友才有可能搜尋到你的公司、你的產品或服務，才有可能進一步認識你、了解你，最終成為你的顧客。

行銷人員應順應網路使用者習慣轉變，透過有價值的內容，將產品或是服務的介紹提供有需求的使用者，這樣的方式對提高使用者接收訊息的意願以及互動率來說都有顯著效果。

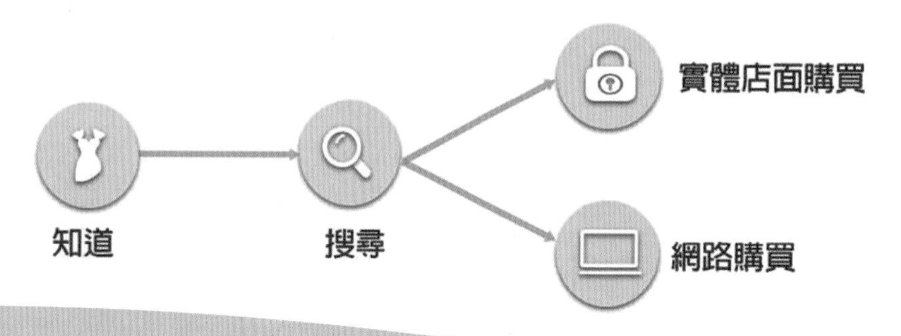

接下來，我將 SEO 的概念和做法做一個介紹。

SEO 搜尋引擎最佳化，也有人翻譯成搜尋引擎優化，是一種利用搜尋引擎的搜尋規則來提高網站排名方式。為了要讓網站更容易被搜尋引擎接受，搜尋引擎會將網站彼此間的內容做一些相關性的資料比對，然後再由瀏覽器將這些內容以最快速且接近最完整的方式，呈現給搜尋者。所以 SEO 不是電腦程式，也不是一套軟體，它只是一個讓搜尋引擎輕易找到你的網站並獲得領先排名的一種概念。SEO 搜尋引擎優化的目標是要獲取流量，而最終目的就是轉換為訂單或是進入網站後更加深入地了解品牌。

搜尋引擎行銷（Search Engine Marketing，簡稱 SEM），顧名思義就是透過網路搜尋引擎來進行行銷活動。例如使用者在搜尋引擎輸入關鍵字，然後依照顯示的搜尋結果點選符合需求的資料。由於全台灣有超過億個網頁，那麼多的資訊，每個人都想被搜尋到，而決定誰先被搜尋到的「裁判」，就是搜尋引擎了。目前國人最常使用的搜尋引擎就是 Google。網站被搜尋引擎排在越前面，代表越受搜尋引擎的喜愛。所以我們要獲得搜尋引擎的喜愛，讓自己的網站被排在第一頁，這樣才能創造流量，進而創造營收。

在網路世界中，搜尋引擎是引導用戶發現資訊的重要媒介，搜尋結果顯示的排名差距關乎搜尋曝光和流量的大小。做好 SEO 對於行銷的推動能發揮事半功倍的效果其優點有——

- ✔ **付出成本低，是長期有效的網路推廣方式**
- ✔ **能讓更多人更快找到需要的產品或資訊**
- ✔ **增加企業網站曝光量，提升知名度和可信度**
- ✔ **可以影響並提升其他行銷通路的銷售轉換率**

SEO 網站優化與社群行銷、口碑擴散息息相關，也相輔相成。社群媒體本身看似跟搜尋引擎無關，但其實是 SEO 背後相當大的推手，其中主要影響的來源是分享，因為這可以對網站產生間接的影響，給您最實在的口碑行銷。希望能提升搜索引擎優化排名，企業也必須在社群平台上置入更多網站內容和建立連結。如果能在社群媒體上增加更多搜索，企業就能有更多優質內容被看見，有益於 SEO 排名。

SEO 該做些什麼才能有效果？

假如你想讓你的企業網站、線上商店、線上平台發展得更成功，你必須懂得如何做 SEO，這是很關鍵的重點。SEO 包含了站內優化和站外優化。站內優化是指所有和網站內部有關的因素，例如；網頁標題、內容、網域、網站結構……等；站外優化是指網站之外的相關因素，而且並不是你能完全控制在手上的，例如：社群媒體、外部反向連結……等。

要做好 SEO，首先我們要換位思考，把自己當成搜尋引擎來思考。以下是我根據多年的研究和經驗，特意整理出 20 個搜尋引擎不會告訴你的祕密：

1 網頁標頭

網頁標頭上的標題最好能跟要搜尋的關鍵字有全部或部分吻合。今天如果有一個人想要出書，如果他知道自資出版這樣的概念，他也許會在某入口網站搜尋「自資出版」或「自費出版」等關鍵字，當網站標題有「自資出版」或「自費出版」的字眼時，就容易被搜尋引擎搜尋到。如下圖：

所以，有些網站的標題會看到很長的一連串文字，其目的就是把該網站有關的文字都設定上去，以便能提高被搜尋到的機率。

如果你想知道 Google 的關鍵字搜尋資訊，Google Ads 中的關鍵字規劃工具能幫你找出關鍵字的每月平均搜尋量，透過 Google 帳號便能註冊，非常方便。

從 Google Ads 首頁，選擇工具＼關鍵字規劃工具，點選即能進入操作介面。

2 網頁內文出現關鍵字

在網站的每個網頁的 title 標籤，都安排一個最重要的關鍵字。網頁內文若出現關鍵字越多，基本上有助有搜尋，但如果故意放置太多的關鍵字，也可能被搜尋引擎判定為作弊。

華文網為全球最大的華文自資出版集團，網頁中出現了多次「自資出版」關鍵字，將有助於搜尋。如下圖：

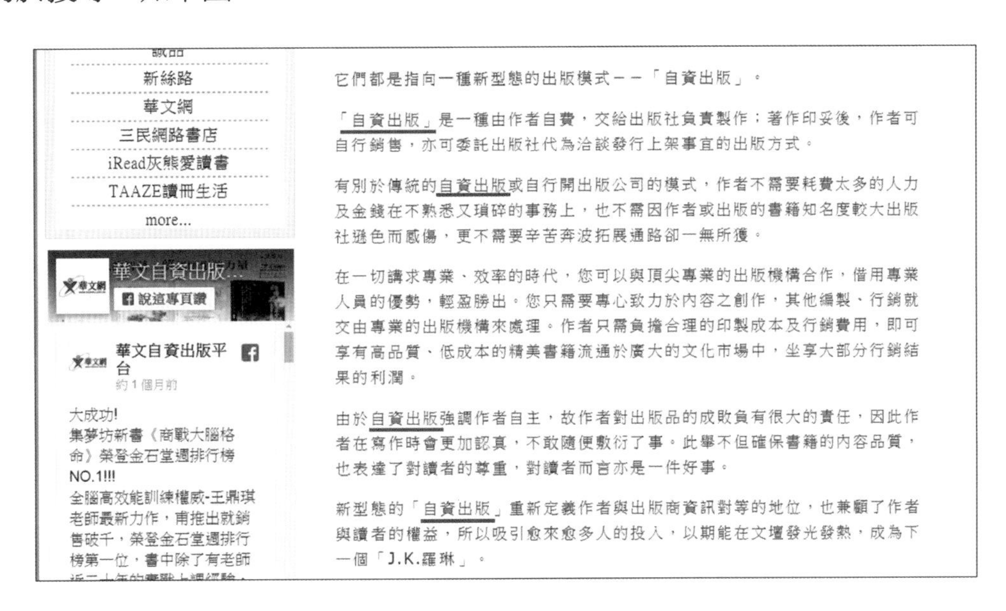

3 網站的年齡

網站成立時間越久，照道理來說「信任度」的評分會越高，流量也會比較大，被搜尋到的機率基本上比一個全新的網站來得高。但是與其計較網站年齡的長短，其實新鮮的資料更能吸引搜尋引擎，因此網站有沒有時常進行內容的更新，比起網域年齡重要得多！

4 內容更新的頻率

頻繁更新網站可以有更大機會能夠提高搜尋排名，會定期更新的網站，搜尋引擎基本上會判定是一個有在經營的活網站。除了內容更新夠頻繁之外，還必須要有足夠豐富的內容，否則一樣不會得到搜尋引擎的青睞而加分。

5 網站的流量

流量大，代表有很多網友喜歡來此造訪，搜尋引擎會喜歡這樣的網站。Google 的 Analytics 是一個可以統計網站流量的工具。可以知道自家的網站流量大約有多少？只要註冊即可免費使用。

網址：http://www.google.com/analytics/

6 網頁速度

Google 研究後證明，如果讀取時間超過 7 秒鐘，訪客從您的網站反彈的可能性就會增加一成。因為時間就是金錢，很多人都不耐煩等待。測試網頁的速度，你可以使用 Google 的測試工具去了解網頁的載入速度，測試工具會直接告訴你秒數與好壞評等。

https://testmysite.thinkwithgoogle.com/

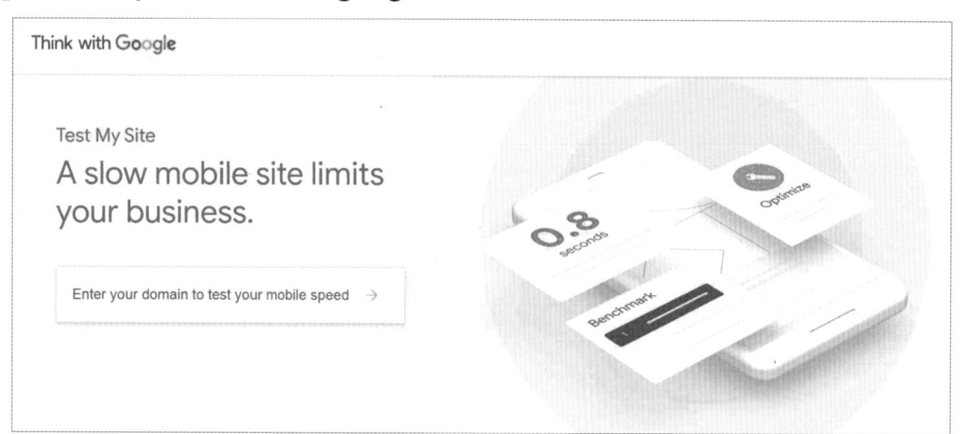

7 網友停留網站的時間

網友停留網站或網頁的時間越久，代表網站或網頁的內容是能讓網友花較長時間觀看的，搜尋引擎可能會喜歡。

8 網站首頁是否一目了然

如果首頁看了半天仍看不懂主題是什麼，網友下次就不會再來了，搜尋引擎就會判定這是一個設計不佳的網站。

9 網站動線

如果一個網站動線不佳，就像一家百貨公司動線不佳，一定會引成顧客的反感，同樣的搜尋引擎會判定你的網站動線是否合宜。

10 網站程式語言

如果網站首頁是用 FLASH 製作，搜尋引擎較不易抓到，最好以搜尋引擎喜歡的 HTML 程式語言來設計為宜。

11 網站隱私權條款

網站如果有加入會員功能，需要註冊的部分，網站上要有清楚隱私權條款說明，以確保網友個資安全。

12 外部連結

如果你的網站被其他 PR 值高的網站連結，表示你的網站被他網肯定，排名自然快速升高！意思就是如果有大型網站設置連結連至小型網站，那小型網站會因為有這個連結，而提升自身的 PR 值。PR 值（網頁排名）全名是 Page Rank，是 Google 搜尋引擎針對網頁重要性所給的排名。如果有 PR 值高的頁面設置連結導流，那導入頁面的 PR 值也會提升唷！

基本上一個網頁「被連結 (被引用)」的次數越多，代表這個網站非常受歡迎。你可以把連到你網站的這些「反向連結」想像是你網站的推薦人，有越多人推薦你的網站，Google 也會理所當然地認為你的網站是優質網站，值得更好的排名，而網站背後的推薦人越強大，對你的排名越有幫助，像是 edu、gov 等網址的連結，可以替網站大大加分。

13 Meta description

在網頁中加註上 Meta 的語法能協助搜尋引擎找到你的網頁。Meta 在網頁實際上是看不到的，若要看到要在該網頁點右鍵，選擇「檢視原始檔」，即可看到這網頁的程式原始碼，也可以在 IE 瀏覽器工具列上點選「檢視」中的「原始檔」。

如下圖：

你可以把你認為跟此網頁所有有關的關鍵字加入在 Meta 裡，相對的，搜尋引擎找到該網頁的機會就高。例如有網友搜尋新絲路、華文網、自費出書等關鍵字，此網頁就有機會被搜尋到。如下圖：

```
1
2  <!DOCTYPE html PUBLIC "-//W3C//DTD XHTML 1.0
   Transitional//EN"
   "http://www.w3.org/TR/xhtml1/DTD/xhtml1-
   transitional.dtd">
3  <html xmlns="http://www.w3.org/1999/xhtml">
4  <head>
5  <meta http-equiv="Content-Type" content="text/html;
   charset=utf-8" />
6  <META NAME="keywords" CONTENT="新絲路,華文網,網路書店,華
   文,專業,自資,出版,出版社,作者,自費,出書,自費出書,個人出版">
7  <META NAME="description" CONTENT="華文專業自資出版服務平台
   作為全球最大的華文自費出版(自費出書)集團，我們幫您找回屬於作
   者的權益！華文自資出版服務平台，積極耕耘全球華文自費出版市場，
   以最頂尖的自資出版團隊，提供最優質的自費出版(自費出書)服務，
   為作者自費出書開啟一片天空。">
8  <title>華文專業自資出版服務平台 - 全球最大的華文自費出版(自
   費出書)集團</title>
9  <script type="text/javascript"
   src="https://gc.kis.v2.scr.kaspersky-labs.com/FD126C42-
   EBFA-4E12-B309-BB3FDD723AC1/main.js?
   attr=wzlPeCbYI5mH83cuqXE3W3UePhmjYl7lHrvHZcWG2mipX1JNs2
   DQXIK8P0vhofFO3N8u5i8xdG_yqWAwfG4OvlrNqBCMCrpfOnHNXk0vY
   hw" charset="UTF-8"></script></head>
10 <link href="css/text.css" rel="stylesheet"
```

上面的 <meta name=“keywords” content=“ 關鍵字 1, 關鍵字 2, 關鍵字 3,” 在「content=」後面的地方一定要出現您的關鍵字，可以用 ,（半形逗號）分隔多個關鍵字（不要超過 20 個字）。

14 Title tags 網站描述

每個頁面都應該有各自的 Meta description 和 Title tags，以便讓搜尋引擎能夠明確辨認。這兩個功能可以說是內容的推銷員，否則再好的內容可能都會失敗而乏人問津。

Google 會根據你的網頁 Title 來判斷該頁面與哪些關鍵字有高度相關，並且會影響在該關鍵字的排名。

當我們在搜尋引擎網頁輸入關鍵字後按上「搜尋」鍵，就會出現好幾個跟此關鍵字有關的網站，基本上會分成標題和網站描述兩個部分。假設我們輸入「自費出版」後按搜尋，如下圖：

華文專業自資出版服務平台- 全球最大的華文自費出版(自費出書 ...
https://www.book4u.com.tw › mybook ▾
華文專業自資出版服務平台作為全球最大的華文自費出版(自費出書)集團，我們幫您找回屬於作者的權益！華文自資出版服務平台，積極耕耘全球華文自費出版市場， ...

我要出書 - 華文專業自資出版服務平台- 全球最大的華文自費 ...
https://www.book4u.com.tw › mybook › index_publish_1 ▾
華文專業自資出版服務平台作為全球最大的華文自費出版(自費出書)集團，我們幫您找回屬於作者的權益！華文自資出版服務平台，積極耕耘全球華文自費出版市場， ...

標題：華文專業自資出版服務平台 - 全球最大的華文自費出版集團。就是我們該網站的 TITLE。

網頁程式語法：

<title> 華文專業自資出版服務平台 - 全球最大的華文自費出版 (自費出書) 集團 </title>

網站描述：華文專業自資出版服務平台作為全球最大的華文自費出版（自費出書）集團，我們幫您找回屬於作者的權益！華文自資出版服務平台，積極耕耘全球華文自費出版市場，以最頂尖的自資出版團隊，提供最優質的自費出版（自費出書）服務，為作者自費出書開啟一片天空。以上文字就是介紹這個網站的描述，可以在原始碼中檢視。

網頁程式語法：

<META NAME="description" CONTENT=" 華文專業自資出版服務平台作為全球最大的華文自費出版 (自費出書) 集團，我們幫您找回屬於作者的權益！華文自資

出版服務平台，積極耕耘全球華文自費出版市場，以最頂尖的自資出版團隊，提供最優質的自費出版 (自費出書) 服務，為作者自費出書開啟一片天空。">

⑮ 網域名稱 Domain Name 命名

網路上辨別一台電腦的方式是利用 IP Address（例如：192.83.166.15），但 IP 數字很不容易記，且沒有什麼聯想的意義，因此，我們會為網路上的伺服器取一個有意義又容易記的名字，這個名字我們就叫它「Domain Name」。就是一個網站的網址，例如 http：//www.book4u.com.tw 就代表賣「書」的網站；http：//www.cake.com.tw 就代表賣「蛋糕」的網站；http：//www.cup.com.tw/ 就代表賣「杯子」的網站。所以如果你提供的產品或服務跟網域名稱（Domain Name）有意義的連結，就比較容易被搜尋到。

⑯ 文章標題

網站中的文章若取一個和關鍵字吻合的字詞，也有助於被搜尋到。

⑰ 網站地圖（網站結構）

網站地圖是用來描述網路結構的。有些網站比較複雜，有很多分類和層次，也許有人一時之間找不到自己要的資訊，這時網站地圖可以方便網友快速查詢到自己想要的資訊。

良好的網站架構也可以為用戶帶來更好的使用體驗，而且當網站越容易被搜尋引擎拜訪和理解，搜尋排名優勢就越大。理想情況下，在網站完成之前就要先制定出網站架構，也能夠避免不必要的修改成本。像是網址結構、網站地圖、Meta、結構化資料……等等。

HiNet

網站地圖

首頁 > 網站地圖

寬頻上網	網路安全	HiNet用戶專屬	生活情報	購物訂票	影音娛樂
光世代	色情守門員	信箱(網頁郵件服務)	生活誌	Hami Point購物	免費影音
ADSL	上網時間管理	雲端資料櫃	氣象	點數卡	Hami Video
Wi-Fi無線上網	行動健康上網	Hami Point	股市	中華支付(小額付款)	hichannel廣播
IPv6申請	防毒防駭 /線上掃毒	會員中心	房地產		i寶貝智慧監控
連線速率測試	防駭守門員		愛.好運		
遊戲加速器			光明燈祈福		
			中華黃頁(網路電話簿)		

18 圖片優化

除了文字外，在搜尋引擎上搜尋結果有時會出現圖片，例如在 Google 上搜尋「蛋糕」。結果如下：

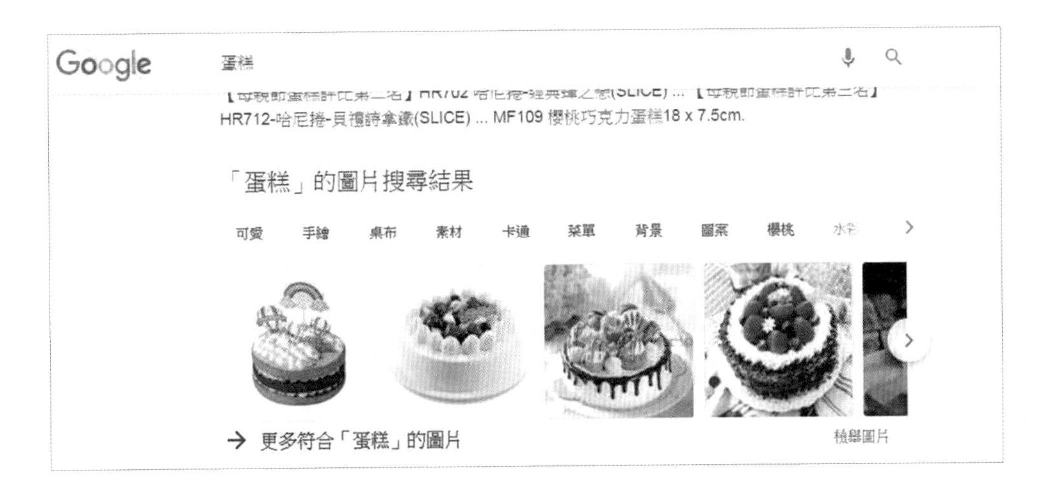

每個網站幾乎脫離不了圖片的使用，但是搜尋引擎還不夠聰明，我們可以動一些手腳讓圖片被搜尋引擎找到。所以，你必須主動告知，這部分可以為圖片添加 alt 描述和命名，比方說你要放一張蛋糕圖片，如果你希望這張圖片能被網友搜尋到，你可以在 HTML 程式語法寫成：<img src= "cake.jpg" alt= 這是一個蛋糕" >「alt」的功能是當圖片無法正常顯示時用來替代圖片的文字說明。所以當你在 alt 後面加註說明這張圖片所代表的意義，就有機會被搜尋引擎找到。圖片檔名最好設定成跟圖片有關的英文，例如 <img src= "1.jpg" alt= "這是一個蛋糕" > 這樣的寫法就比較不好。同時還要確保有壓縮和調整尺寸，以便圖片不會扯載入速度的後腿。

19 錨點文字（Anchor Text）連結

例如在網路上發表一篇文字，文章中有一句話：亞洲八大名師王晴天。在「王晴天」這三個字的地方會有一個底線，用滑鼠游標移到「王晴天」這三個字的地方點下去可以連結到預先設定好的網址（例如：王晴天的 Facebook）。你可以在文章中設定多個錨點文字。

Google 在《搜尋引擎最佳化入門指南》中告訴我們，每個含有連結的都會算是錨點文字，而文字的下法最好避免幾點：

- 避免使用「閱讀更多（more）」，「點擊此處（Click here）」，作為導引連結的文字。
- 避免使用不相關的字詞做錨點文字連結（例如：文字是王晴天，連結目的頁卻是王力宏的官方網站，這個就不是相關的字詞）。
- 避免使用一段話來做為錨點文字。

20 行動版本

目前有越來越多人都是用手機來上網找資料、逛網站、購物……如果你的網站缺乏符合行動裝置的瀏覽設計，那麼使用上的不方便就會讓使用者很快就跳離你的網頁，非常容易就損失這些流量。目前有一種響應式網頁設計（Responsive web design， RWD），又稱自適應、回應式、對應式網頁設計！是一種網頁設計的技術做法，該設計可使網站在不同的裝置（從桌面電腦顯示器到行動電話或其他行動產品裝置）上瀏覽時對應不同解析度皆有適合的呈現，減少使用者進行縮放、平移和捲動等操作行為。是透過 CSS3，以百分比的方式以及彈性的畫面設計，在不同解析度下改變網頁頁面的佈局排版，讓不同的設備都可以正常瀏覽同一網站，提供最佳的視覺體驗。對於網站設計師來說，有別於過去需要針對各種裝置進行不同的設計，使用此種設計方式將更易於維護網頁。

上述 20 個 SEO 的做法，是比較正規的做法，一般稱為「白帽」，其實還有一些不正規的做法，也可說是作弊的做法，稱為「黑帽」。像假首頁作弊法、迷你字作弊法、別名網址作弊法……等，筆者較不建議使用作弊法，因為若是搜尋引擎發現你使用作弊法，有可能將你列入黑名單而永久除名。

SEO 致勝心法

- 網站首頁要讓網友一目瞭然知道這個網站是做什麼的。

- 網站能正常開啟瀏覽，不要讓網友等太久。
- 網站本身的架構要完整。
- 網站的內容一定要和搜尋的關鍵字有高度相關。
- 網站的流量不能太少。
- 網站內部連結正確，動線設計良好。
- 網站內容常更新，且最好為原創內容。
- 網站不宜作弊來欺騙搜尋引擎。
- 有其他流量高的網站來連結你的網站。

網站能正常開啟瀏覽，
不要讓網友等太久。
網站首頁要讓網友
一目瞭然知道這個
網站是做什麼的。
網站的流量
不能太少。
網站內部連
結正確，動
線設計良好。
SEO
網站的內容一定要
和搜尋的關鍵字有
高度相關。
網站內容常更
新，且最好為
原創內容。
網站不宜作弊來欺
騙搜尋引擎。
有其他流量高的網
站來連結你的網站。

關鍵字行銷，讓顧客指名找你

隨著全球網路科技時代之來臨，我們很輕鬆地就能利用網路關鍵字來搜尋想知道的資訊。想一想當你要購買東西或是要查詢資料時第一個想到是不是「上網找」！而根據調查報告指出，通常一般網站的訪客有八成以上是經由搜尋引擎而進入網站的。

不論是找資料、買東西還是賣東西，如何讓你的公司或產品被網友們搜尋到就很重要，當網友在入口網站輸入關鍵字後按搜尋，如果你的網站被排在第三頁以後，基本上被網友看到點閱的機率就比較低，因為一般人通常沒有耐心一頁一頁看完，除非是找資料。而且大多數的人都會認為在搜尋引擎結果的前幾名就是這個產業的領導品牌。

根據調查統計，出現在搜尋結果第一頁的被點擊率約 65%，第二頁的點擊率約 25%，第三頁的被點擊率就降到約 5%，許多廠商就是因為用對關鍵字而能在搜尋引擎排到好位置而訂單源源不絕。那麼，如何做才能讓你的企業或產品露出在搜尋結果的第一頁？如果你的網站自然排序不佳，可以透過買關鍵字廣告，提升被曝光在前三頁的機率。關鍵字廣告目前以 Yahoo! 和 Google 這兩者最多人使用，兩者皆以每次點擊關鍵字廣告的計算方式收費，也就是說網路上有人點擊你的關鍵字廣告時，你才需要支付關鍵字廣告費用，若沒有人點擊，則不必付費。

關鍵字廣告區的版位區域如下圖 A 區（上方區、右方區、最下方區）；而 B 區是自然排序區不用付費。

範例：搜尋「吃到飽」

關鍵字廣告的組成

範例：西服訂製

Google 西服訂製

全部 地圖 圖片 新聞 影片 更多 設定 工具

約有 716,000 項結果 (搜尋時間：0.50 秒)

【西服先生】訂做西裝 | 三件式西裝訂製方案只要3,980

廣告 www.mr-suit.com.tw/西服先生 ▾ 03 332 9099

三件式西服特惠【3,980】專人為您量身訂製西裝一套、日本進口內裡、領帶，展現專屬自信魅力！ 菜鳥新人、紳士熟男、雅痞文青、結婚新人照過來，量身訂製3-6件式西服，滿足不同客群需求。 頂級做工不加價。永久免費調整服務。客製化西裝。急件可7-10天快速交貨。

萬華區 · 2 家附近門市

以上為商家購買的關鍵字廣告，此廣告組成有三大元素：

- **標題：**訂做西裝　三件式西裝訂製方案只要 3,980

  ➔ 標題字數盡量在十二個字以內。標題下的好，點擊率一定會比較高。

- **短文介紹：**三件式西服特惠【3,980】專人為您量身訂製西裝一套、日本進口內裡、領帶，展現專屬自信魅力！ 菜鳥新人、紳士熟男、雅痞文青、結婚新人照過來，量身訂製 3-6 件式西服，滿足不同客群需求。 頂級做工不加價。永久免費調整服務。客製化西裝。急件可 7-10 天快速交貨。

  ➔ 短文介紹，要想出打動人心的文字來增加點擊率。

- 網址 www.mr-suit.com.tw/ 西服先生 03 332 9099

關鍵字廣告具備以下六大特色：

- 出現廣告不用付費，有網友點擊廣告才要付費。
- 一天二十四小時中，任何時段點擊關鍵字廣告所付出的成本是固定不變的。
- 關鍵字廣告的關鍵字由你自己決定，只要避免一些字眼即可，例如：我是第一、我是最棒的等關鍵字。
- 你可以自行設定每組關鍵字的費用。當有人跟你買同樣的關鍵字，如何決定曝光位置誰先誰後？先後順序取決於該組關鍵字的設定成本和該組關鍵字被點擊次數兩者的整體總分來決定。
- 你可以自行決定每日、每月預算，以預付儲值的方式抵扣，當每日或每月的預算額被扣完時，你的關鍵字廣告將不會出現。
- 關鍵字廣告的露出時間、地區範圍可自己決定設定。例如：我要曝光一個月，只要台北地區，那高雄地區的人就看不到此關鍵字廣告。

請用心花時間仔細評估「關鍵字的選擇」，網站排名最終目的是為了要提升客源，你可以依據你的目的來選擇，如：精準關鍵字、延伸關鍵字、產業關鍵字、趨勢關鍵字、品牌關鍵字、熱門關鍵字。

在附加的關鍵字排名優化中，強烈建議將關鍵字設定為一個片語字的組成，例如「抖音教學」，使用片語詞句來組成關鍵字，就可以很確切地得到這些片語的組合關鍵字，在這些片語之間，最好安插 2 ～ 3 個空格，例如「抖音 教學 示範」，將可以得到最佳的優化效果。在選定了核心關鍵字後，我們接下來要思考的是有沒有其他相關的關鍵字能夠帶來更多流量。例如從核心關鍵字去延伸找出更精確、更符合使用者會用的字，像是「叫車」「叫計程車」「打車」或「自費出版」「自資出版」「自助出版」等。找出有價值的關鍵字，或者是在有限的關鍵字中延伸更多的長尾關鍵字。

隨時留意熱門話題進行內容 SEO、並插入長尾關鍵字幫助自然搜尋流量的導入。長尾關鍵字的搜尋動機一定比目標關鍵字還要明確強烈以提高與消費者的觸及率與精準度。關鍵字沒有好壞之分，只要能完美地搭配到搜尋關鍵字行銷，可準確地讓搜尋者瀏覽，帶來實際的網路效益即可。

長尾關鍵字

何謂長尾關鍵字(Long Tail Keyword)？就是在目標關鍵字首或尾加上修飾性詞語後的關鍵字。例如：對於賣吉他的樂器行，想必「吉他」一定是熱門關鍵字，而長尾關鍵字就像：「吉他譜怎麼看？」、「你是我的眼吉他譜」、「吉他和弦指法圖」、「吉他自學」、「吉他自彈自唱」……等。除了需要考慮關鍵字佈局外，長尾關鍵字也是很好的策略之一。因應各關鍵字搜尋族群的不同，所會想到的搜尋字組亦會有所不同，故這些接近主要關鍵字的「字詞」就變成長尾關鍵字了！

主要「目標關鍵字」的確會為網站帶來大多數的流量；但相反的，一些林林總總的長尾關鍵字，雖然個別來看流量較少，但總流量相加總後，卻是有可能高於主要關鍵字呢！例如：「OPPO Reno2 Z」是主要關鍵字，但「OPPO Reno 手機」或是「Reno 10x」、「網美必備 免修圖」它們皆是長尾關鍵字，因為我們不會知道搜尋者會輸入什麼樣的字詞組合，來搜尋他們想要的資訊，但我們只能盡可能地去推測可延伸之相關關鍵字。

所以長尾關鍵字能更符合網友的需求，被點擊的機率提高，成交率也隨之提高，且根據專長研究統計發現，長尾關鍵字帶來的業績比熱門關鍵字大很多。如果你只選熱門關鍵字的話，競爭者多，熱門關鍵字費用較貴，少了更多被搜尋的機會，若熱門關鍵字＋長尾關鍵字都選，才能一網打盡。在網站佈局時，行銷人員便可以透過內容文章來累積長尾關鍵字流量，其所帶來的流量其實不會少於、甚至有機會超過主要的目標關鍵字。擴充長尾關鍵字，一來能增加廣告被觸發的機會；二來當這些長尾關鍵字觸發廣告的競爭者相對於主要大字來得少，成本較低，能達到開源節流的效果。

那要如何選擇長尾關鍵字呢？大陸有一個網站叫站長工具 ➜ http://tool.chinaz.com/baidu/words.aspx 你只要輸入熱門關鍵字，網站自動會幫你找出許多長尾關鍵字以供你參考。要注意的是因為這是大陸網站，所以在輸入熱門關鍵字時請用簡體字，並用大陸的語言。例如我要輸入網路行銷，大陸用語是叫網絡營銷。

善用免費工具找對關鍵字

也許您所列出的關鍵字很多，到底哪一個關鍵字才是適合的呢？

想知道網路使用者到底是用什麼關鍵字來搜尋資料，你需要透過一些工具來檢測這些關鍵字是否有足夠的搜尋量以及競爭難度：可以多加利用搜尋引擎所提供的關鍵字分析查詢工具，以下是一些好用且免費的工具：

1 Google Trend

Google Trends 是由 Google 提供的服務，可透過 Google Trend 來分析主要關鍵字是否於市場有足夠的搜尋量與趨勢。只要輸入關鍵字並且設定時間、地區、主題類別、來源就可以針對關鍵字的趨勢進行分析。除此之外 Google Trends 能夠同時輸入多組關鍵字比較它們的搜尋量與趨勢，作為關鍵字規劃的參考。

https://trends.google.com/trends/?geo=TW

2 Google Ads 關鍵字規劃工具

可以用來分析關鍵字的搜尋量並且推薦你更多相關的關鍵字。你可以申請 Google Ads 帳戶，善用關鍵字規劃工具來尋找長尾字，可於 Google ads 後台點選「工具」→「關鍵字規劃工具」→選擇「尋找新關鍵字」→於搜尋欄位輸入欲尋找的關鍵字後按下「開始使用」→系統即會列出你所輸入的關鍵字搜尋量了！除此之外關鍵字規劃工具也會將你輸入的關鍵字進行延伸、提供相關的長尾關鍵字給你參考。

https://ads.google.com/home/tools/keyword-planner/

3 Search Console

Google Search Console 是 Google 提供的一項免費服務，能夠協助您監控及維持網站在 Google 搜尋結果中的排名，並排解相關問題。即使未申請 Search Console，您的網站仍可能會顯示在 Google 的搜尋結果中，但 Search Console 有助您瞭解並改善 Google 查看您網站的方式。可以從這裡查詢搜尋者輸入哪些字詞看到、點擊你的網站。

4 awoo 工具 - 天下無狗

awoo 提供超方便關鍵字建議工具，操作簡單又方便，除了取得長尾字外，也能同時評估每個關鍵字於 SEO、PPC 的推薦值，讓你精準地擬定優化方向。於搜尋欄位輸入關鍵字後點選「馬上分析」在搜尋結果中的「延伸關鍵字」裡可以取得你的長尾關鍵字。

https://www.awoo.org/kelo

建議可以先透過 Google Ads 打進市場，作為提高能見度、導入流量的先鋒，可將所有跟品牌、產品相關的字投入市場進行測試。Google Ads 投放期間除了可以使用「關鍵字規劃工具」外，也能從搜尋字詞報表了解到消費者（搜尋者）實際會用哪些關鍵字來找到他的產品，洞悉消費者行為與習慣，再來調整策略的方向。等 Google Ads 施行一段時間、搜集足夠的長尾關鍵字後，將這些字分門別類寫成網頁中的內容文章、或是透過電子報的方式與消費者溝通，更能有效被搜尋到。

網站導入流量的 10 種技巧

不管是銷售頁或部落格，還是官網，一定要有潛在顧客進來參觀，雖然流量不等於業績，但流量越大，業績才有可能越高，那麼流量怎麼來的呢？如何讓更多的潛在顧客進入我的網站呢？方法很多種，以下提供十種技巧：

1 關鍵字廣告

關鍵字廣告包含 Yahoo! 奇摩關鍵字廣告和 Google 關鍵字廣告，兩者雖然都是要付費的，卻是還不錯的導入流量方式，較能引入精準的顧客。

2 付費廣告

網路廣告是在網路上以文字或 Banner 的方式呈現，兩者都可以超連結到你想要曝光的網站，當然，如果有龐大的預算，網路廣告可以讓你的產品或活動得到極大的曝光。

3 免費廣告

比方說像奇集集 Kijiji，可以發布免費廣告，再連結到你的網站。

4 SEO（搜尋引擎優化）

做好 SEO，可以讓你被搜尋的機率大大提升，相對的，網友要進入你的網站的機會也會相對增加。

5 影片行銷

我們可以製作一段影片上傳到 YouTube 上，設定好關鍵字，並寫下簡單的自我介紹或你想要說的話，並留下網址及 QR 碼，當有人在 YouTube 搜尋時，就很有機會搜尋到你的影片，看了你的影片後，點選你留下的網址，進入你的網站。

範例：新絲路視頻

以下的畫面是我在新絲路視頻「說書系列」及「歷史直相」的影片。在影片下方有新絲路 FB 粉絲頁網址和我個人 FB 的網址（下方框線處），有興趣的網友會點進去看，這也是導流量的技巧之一。

在利用 YouTube 導流量時，請注意以下五個重點：

- **標題**：要包含關鍵字，且最好放在最前面。
- **標籤**：把最重要的關鍵字放在首位，YouTube 最多可以設置 12 個標籤。
- **描述**：寫一段具吸引力的描述，描述中最好包括關鍵字，你要連結的網址和聯絡方式。

- **評論：網友的評論越多，代表你的影片越受歡迎，對排名多少有些幫助。**
- **外部連結：影片優化也一樣，同樣需要外部的連結，在他人的網站中，可連結到你的影片。**

另外，由於 YouTube 和 Google 關係非常密切，所以，做好影片優化，有助於被 Google 搜尋到。

6 網路社群媒體

你可以在 Facebook、Twitter、Plurk 和部落格等網路社群媒體發布訊息（加上連結），就會有人點選進入你的網站。

7 寫文章

如果你有經營部落格，而且流量也不錯的話，可以善用本身的優勢，讓流量倍增，怎麼做？你可以將最新新聞或熱門的題材，用自己的方式寫成文章發布在部落格上。比方說，韓國瑜突然爆紅，如果當時你寫一些關於韓國瑜的文章，且文章標題有含「韓國瑜」三個字，被網友搜尋的機會就會大很多，相對的你的部落格的流量也會增加。

8 發文和留言

除了在自己的部落格或 Facebook 發表文章外，你還可以到各大討論板或論壇發文和留言。發文就是發表文章，留言就是在別人發文後留言。這當中，你的暱稱和簽名檔就很重要了，暱稱要有趣，簽名檔要有特色。在我印象中有幾個暱稱很吸引人，例如：魚乾遊、朝河蘭……那你要在哪裡發文和留言呢？你可以在流量大的網站、討論板、YouTube、部落格和 Facebook 粉絲頁等網站留言。你可以到這個網站 ➔ http://www.alexa.com/topsites/countries/TW，裡面列出台灣流量排行榜前五百名的網站，代表著這些網站非常受歡迎，流量大，如果你在這些網站發文或留言，相對的你被搜尋到的機會也會提升。然而請記住一個最高指導原則，就是不要發廣告文，因為沒有人喜歡看廣告，甚至還會被板主刪除呢！

9 Yahoo! 奇摩知識＋

你可以在 Yahoo! 奇摩知識＋用不同的帳號自問自答，導引有相同問題的網友到你的網站。

10 互相連結

你可以跟你朋友的網站互相連結，或異業合作友好連結，以增加曝光量，進而導入更多的流量。

Part

3

留 客

緊緊套牢持續回購的死忠客

14 TOPIC 沒有差異就沒有市場

競爭策略大師麥可．波特（Michael E. Porter）說：「競爭策略不是低成本，就是差異化。」當一個公司能夠向客戶提供一些獨特的，其他競爭對手無法替代的商品、對客戶來說其價值不僅僅物有所值，這個公司就將自己與競爭對手區別開來了。除非你的公司的成本最低、市場占有率最大，否則就必須找到獨特性，也就是和競爭者差異的地方，沒有差異就沒有市場。

就是要讓消費者知道：你是多麼地與眾不同，你又是多麼地不可取代，讓消費者有某項特定需求的時候第一時間就想到你。

沒有差異就沒有市場

在今日，不管是大賣場、百貨公司或美食街，琳瑯滿目的商品與服務讓人眼花撩亂，不知道到底要買哪個品牌的產品才好；所以消費者除了考量品牌效應及自己實際的需求，做出正確的選擇外，產品本身與其他同類產品的辨識度也非常重要，一般最常見的作法，便是以擴大差異化來吸引消費者的目光，選中自家產品。

例如可以在「傳承」價值這上面做文章。一般來說，大眾選擇商品時，如果你是一個信譽良好的廠商，消費者通常會比較有購買意願；諸如標榜「百年老店」、「蘇格蘭威士忌」、「不朽的樂器——史坦威鋼琴」……等等，只要你本身傳承優良傳統，或代理這些擁有歷史的優良品牌，在市場上就較容易勝出。

此外，在機器取代人工的現今，如果可以強調產品是遵照「古法研製」或「純手

工製造」的話，也可以讓你的產品勝出市場。我以新竹的「百年老店東德成米粉」為例，東德成米粉與其他店家最大的不同，乃在於其完全遵照傳統來製作米粉，每根米粉都用純米研磨製作，天還沒亮老闆和老闆娘就起床磨漿，據了解，製作過程還必須忍受炙熱的高溫，著實辛苦。不過，東德成米粉卻因為堅持承襲傳統製法，讓他們不僅擁有品質、更有價值，一天能賣出近兩百斤的米粉。

強調產品自製、研發、創新而來，也不失為產品差異化的法寶之一，以台灣盈亮健康科技所生產的涼椅來說，它與傳統產品不同的是，不但有乘涼的性能，也同時兼具搖椅的功能，你可以坐在涼椅上搖啊搖，讓全身獲得高度放鬆；且頭部還有靠枕設計，坐久了也不會腰酸背痛，在整體設計上更符合人體工學。而盈亮健康科技之所以能讓產品差異性拉大，那層層把關的安全檢測，及設計、研發、打樣的專業程序，誠然是其勝出的市場關鍵。

不管是成分上的創新或功能、研發的創新，這在廣告上都是非常好的賣點，像克雷斯推出含氟防蛀的牙膏，含氟成分就是一大賣點。其他像是強調電力持久，品質優異的金頂鹼性電池……等，也是強調產品研發創新，在廣告上表現出差異性；且事實證明，消費者相當容易被這些看來專業、有效用的廣告詞影響。

差異性市場行銷，是指面對已經細分的市場，企業選擇兩個或者兩個以上的子市場作為市場目標，分別對每個子市場提供針對性的產品和服務以及相應的銷售策略。企業根據子市場的特點，分別製定產品策略、價格策略、通路策略與促銷策略。

在台灣稱為寶僑、在大陸稱為寶潔的消費日用品公司P&G，就是實行差異化行銷的典型，光個人清潔用品就有十多個品牌：有強力去污的「碧浪（Ariel）」，價位稍微偏高；去污亦強但價格適中的「汰漬（Tide）」。洗髮精則有：沙龍級洗髮的「沙宣（Vidal Sassoon）」；去屑第一品牌的「海倫仙度絲」；主打修護髮質，讓你擁有烏黑亮麗秀髮的「潘婷（Pantene）」；瞄準追求頭髮柔順、好梳理的顧客的「飛柔（Pert）」。讓各自的品牌突顯差異化並有效區隔，才不致於彼此爭奪市場，整體來

看 P&G 等於就已經把整個個人清潔用品的市場都占滿了。

差異化行銷所追求的「差異」是產品的「不完全替代性」，即企業以自身的技術優勢和管理優勢，生產出在性能上、品質上優於市場上現有產品；或是在銷售方面，透過有特色的宣傳活動、靈活的廣銷手段、貼心的售後服務，在消費者心目中留下不可抹去的心佔率。

在滿足顧客基本需要的情況下，為顧客提供獨特的產品是差異化戰略追求的目標。

差異化行銷主要是要利用產品、服務、形象特色，找出自身優勢，呈現出獨特價值，在消費者面前明確地與競爭對手有所區別，可以從產品樣式、規格設計、品牌形象、定位、包裝、特色、使用時機等等不同面相做思考。也就是某一產品，在品質、性能上明顯優於同類產品的生產廠家，從而形成獨自的市場。如果能找出市場中尚未被滿足的空間，就有可能出奇制勝。也就是所謂的利基市場。

利基市場

什麼是利基市場？就是找出對手忽視而消費者卻沒有被很好滿足的縫隙市場。

在分眾（小眾）市場中選取符合你產品／服務推廣的目標市場，定位鮮明地尋求自己的利基（Niche），所謂「弱水三千只取一瓢飲」。於是，選定池塘後，可以改良網具或撒網的技巧，也可以增加撒網的次數與運送的效率，務求漁獲量之最大，此即垂直方向的發展！水平方向的思考則是：何不以我們精湛的撈捕技術多尋訪幾個更大的池塘呢？（注意：尋找更多、更大的池塘，並不代表要放棄原本的小池塘！）

那要如何找呢？

1 看看該市場是否有針對特定用戶痛點的產品？

如 CASIO 推出的自拍相機系列，數位相機的市場普遍以男性為主要消費者，而卡西歐注意到女性具有自拍、修圖的需求，推出的新機 CASIO ZR5100 美肌相機，自拍免修圖超省時，戶外旅遊、室內自拍、超廣角功能齊全，造成搶購熱潮。

2 清楚自己的優劣勢所在，推出差異化。

微星電腦原先是以主機板起家，但 PC 市場萎縮，為了解決這項問題，微星則改朝高獲利的電競筆電發展。筆電若要符合大眾需求必定是追求輕薄、攜帶便利的方向發展，但電競筆電的開發方向則完全相反，屬於厚重型，因為要搭載高效能配備，完全符合電競玩家心目中的期待，而成為台灣最具知名的電競筆電供應商。

台灣菸酒公司不受限於傳統製酒事業，為求多獲利，多元發展事業，將滯銷老酒導入配料，以其「花雕酒」＋「泡麵」，推出花雕雞泡麵，同時滿足傳統冬季吃補養生概念，給消費者除了麻油雞泡麵外的另一新鮮選擇，造成一股搶購熱潮，賣到缺貨。

在台灣已成立五十餘年的中國砂輪，專業研磨砂輪之研發與製造。總經理林心正發現，全世界的晶圓廠，都是用游離磨料來研磨晶圓，於是他試著用砂輪來研磨晶圓，不但成功而且效果更好！中國砂輪目前「居然」擁有二條 8 吋與一條 12 吋「晶圓」生產線，成功由傳統產業晉身為高科技業。

有一家叫傑里茨的公司，專門生產劇院布幕與舞台布景，是全球唯一生產大型舞台布幕的製造商，全球市占率高達 100%，無論到紐約大都會歌劇院、米蘭斯卡拉歌劇院，還是巴黎巴士底歌劇院，舞台布幕都是由傑里茨生產的。而瑞士公司尼瓦洛克斯，你對它可能也一無所知，但你手錶中的游絲發條很可能就來自尼瓦洛克斯，他們的產品在全球的市占率高達 90%。

還有一家名為日本寫真印刷株式會社，這間公司來自日本京都，是小型觸控螢幕的全球領導者，擁有 80%的市占率。更有間 DELO 公司專門生產膠黏劑，一般消費者可能沒有察覺也不知道，但它已成為我們生活中不可或缺的東西了，舉凡汽車安全氣囊感應器、金融卡和護照內的晶片，都使用 DELO 生產的膠黏劑，全球每兩支手機就有一支手機使用 DELO 生產的膠黏劑；在現今 IC 卡等新科技蓬勃發展的年代，讓 DELO 成為全球市場的領導者，目前有 80%的晶片卡都使用 DELO 的膠黏劑。

這些公司都成功佔據利基市場，但他們的產品嚴格說來都不怎麼起眼，那為什麼他們的產品能讓客戶非買不可呢？原因只有一個，那就是「獨特的技術與服務」。這些以利基市場為基礎發展的公司，不只在一件大事情上做得特別出色，更每天在一些不起眼的小地方做出改進，不斷精進自己的技術、競爭力，成為世界第一。這類企業在獨特的市場區塊中，雖然產品不起眼，成長後勁卻很強，屬於世界級的企業，以致全球沒有對手能贏過他們。

垂直行銷的概念為產品找到的市場已越來越小，水平行銷卻能找出全新的市場！像美國流行的麥片餅乾棒，表面上是想取代以牛奶沖泡穀類的早餐或點心，實際上也大量入侵了巧克力棒的市場；而原本專治頭疼的阿斯匹靈也被拜耳公司找到新市場：可以預防心臟病；原本以經營嬰兒尿布起家的台灣富堡工業，發現台灣的人口結構朝高齡化發展，毅然決然地轉型生產成人紙尿褲，並成功創立「安安」這個品牌。富堡工業的創辦人指出，與其把資源投入競爭激烈的嬰兒尿布市場，不如拉長戰線，投入成人紙尿褲這藍海市場。美國亞馬遜網路書店何以能轉虧為盈？因為它的銷售平台兼顧了垂直發展（深耕圖書領域）與水平發展（大量販售其他領域商品）。

總之，垂直行銷符合左腦的邏輯與傳統思維模式；而水平行銷符合右腦的創意發想與直覺式思考，若能兩者並行，兩相烘托，成功機率必將大增。

用服務搶攻心佔率

競爭成功的關鍵常常取決於服務的數量與品質，如果你的產品本身無法表現差異化，從附加服務進攻也是非常可行的。在一對一的行銷戰中，如果雙方的產品、所鎖定的客層都相同，決勝點就是服務方式的差異，誰能得到顧客的信賴，誰就是最後的贏家。

如今這個供過於求過度飽和的時代，產品的價格和技術差別正在逐步縮小，市場競爭激烈，同質性的商品和服務選擇過多，若想異軍突起一定要發展自身的特色，影響消費者購買的因素除產品的品質和公司的形象外，最關鍵的還是服務的品質。服務能夠主導產品的銷售的趨勢，服務的最終目的是提高顧客的回購率，擴大市場佔有率。

服務包含有送貨、安裝、使用者培訓、諮詢、維修……等。售前售後服務差異就成了對手之間的競爭利器。例如，同是一台電腦，有的保修一年，有的保修三年；同樣是銷售電熱水器，櫻花每年安排專業服務人員到府上提供貼心安檢服務。售前售後一整套優質服務讓每一位顧客安心又放心。

以附加服務表現企業差異化，便是在商品同質性或高或無法利用商品表現優勢時，搭配與產品相關服務來增加銷售差異化賣點，例如以會員制度提供差異服務、透過長期訂購、訂閱服務提供消費

者便捷服務……等。或是像中國的生鮮品牌「盒馬鮮生」為例，透過親自讓消費者體驗食材料理後的風味、口感、美味來觸發或增加其購買意願，有效建立出有別於其他生鮮電商品牌甚至是超市的差異化服務。

中國海爾集團以「為顧客提供盡善盡美的服務」作為企業的精神信條，海爾其「通過努力盡量使使用者的煩惱趨於零」、「優質的服務是公司持續發展的基礎」、「交付優質的服務能夠為公司帶來更多的銷售」等服務觀念，真正地把用戶奉為上帝，使顧客在使用海爾產品時得到了全方位的滿足。自然，海爾的品牌形象在消費者心目中也越來越高。

差異化行銷不僅是打造「與眾不同」，更是為用戶提供增值價值的過程，唯有差異化的服務才能更進一步在消費者心中永遠佔有「一席之地」。

15 TOPIC

電子郵件行銷，如何歷久彌新

Email 行銷是一種歷久不衰且常用的行銷方式，就像十萬大軍的銷售團隊，是成本效益比相對較高且容易抓住忠誠客戶的利器。關於 Email 電子郵件行銷，我把它分成 EDM 和電子報兩大類。以下分別說明之。

EDM（E-Direct Marketing）又稱電子郵件廣告，是透過 Email 的寄發方式送到網路使用者的信箱，不分國界，是比起傳統的 DM 寄發方式更快又有效，成本又低。而 Email 是企業或你 100% 可控制的名單。由於社群媒體的規則一直在變動，每次的改變多多少少都會影響你的行銷成效。而 Email 名單不會有這個問題，是扎扎實實掌控在你手上的資料。雖然現在 EDM 泛濫，但只要你的內容新奇，主旨和內容吸引人，一樣可以達到目的，這也是為什麼如今依然還是有很多企業在使用的原因。其有下列好處：

- 開發新顧客。
- 增加公司品牌知名度。
- 新產品行銷宣傳。
- 以最小的行銷成本獲取更大的營收。
- 增加舊顧客重複購買的可能性。

下頁的圖是一封 EDM，是 Dior 迪奧官方線上快閃店的廣告。這種 EDM 幾乎都是設計成一張精美的圖檔，透過點選圖檔的方式，進入到另一個網站或網頁。

另一種是電子報，如下圖所示。電子報和 EDM 最大的差別在於電子報是帶給會員知識和資訊，而不像 EDM 看起來就是要賣東西給你。而電子報也不是從頭到尾都不賣，它會用價值來包裝，以會員有學到或得到東西為出發點。

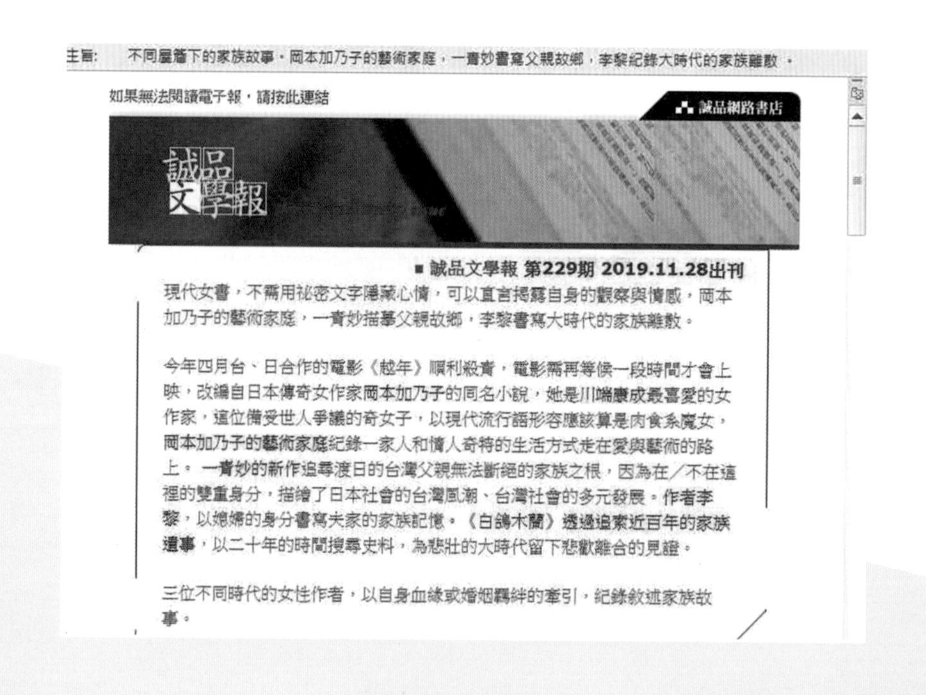

主旨: 不同屋簷下的家族故事・岡本加乃子的藝術家庭，一青妙書寫父親故鄉，李黎紀錄大時代的家族離散 。

如果無法閱讀電子報，請按此連結

誠品網路書店

誠品文學報

■ 誠品文學報 第229期 2019.11.28出刊

現代女書，不需用祕密文字隱藏心情，可以直言揭露自身的觀察與情感，岡本加乃子的藝術家庭，一青妙描摹父親故鄉，李黎書寫大時代的家族離散。

今年四月台、日合作的電影《越年》順利殺青，電影需再等候一段時間才會上映，改編自日本傳奇女作家岡本加乃子的同名小說，她是川端康成最喜愛的女作家，這位備受世人爭議的奇女子，以現代流行語形容應該算是肉食系魔女，岡本加乃子的藝術家庭紀錄一家人和情人奇特的生活方式走在愛與藝術的路上。一青妙的新作追尋渡日的台灣父親無法斷絕的家族之根，因為在／不在這裡的雙重身分，描繪了日本社會的台灣風潮、台灣社會的多元發展。作者李黎，以媳婦的身分書寫夫家的家族記憶。《白鴿木蘭》透過追索近百年的家族遺事，以二十年的時間搜尋史料，為悲壯的大時代留下悲歡離合的見證。

三位不同時代的女性作者，以自身血緣或婚姻羈絆的牽引，紀錄敘述家族故事。

Email 一直以來都是溝通的管道，所以大多數人並不排斥收到銷售信件，還會透過 Email 的連結去購買商品。

而這些靠著折扣、優惠、辦活動，好不容易吸引來的顧客，結果很多都只買了這一次從此不再回購，不是很可惜嗎？這時你要善用 Email 與顧客培養感情，留住這些被折扣吸引而來的顧客，引導他們回來重複購買產品。

而對企業或商家來說，他們最關心的是發送出去的 Email「能不能帶來成交」，其中的關鍵在於——

- **收得到 Email，信件能夠順利地寄送到客戶的收件夾（不會被判定垃圾郵件）**
- **收件人願意打開信件閱讀裡面的內容（不會被直接刪除或忽略）**
- **立刻行動，收件人看完內容後會點擊信中的連結**

寫一封 Email 寄出看似簡單，但要如何讓消費者願意點開信件並採取行動呢？就是——「將對的內容傳達給對的人」。透過發送電子報與 EDM 能讓潛在顧客、會員持續地與你建立信任感，並提升企業或商家網站的流量。經由電子報行銷，取得一個穩定、有效又高品質的流量來源。

 以下是做好 Email 行銷的 10 大 TIP

Tip 1. 網站上提供訂閱電子報的地方

除了註冊會員之外，也必須在你的網站上提供訂閱電子報的地方，然而訂閱流程要方便且簡單；當然如果能清楚告訴網友訂閱電子報有什麼好處的話，想必一定可以大量增加電子報訂閱量。例如：訂閱電子報有機會抽中 7-11 禮券，訂閱電子報就送紅利點數多少點之類的。

Tip 2. 客戶加入會員或訂閱後立即發歡迎確認信

訂閱之後系統馬上寄一封通知信，提醒網友，已經訂閱完成。此外，那些被折扣吸引而來的新客人，可能只是一時新奇、衝動買了個素顏霜，他們可能還不太熟悉你的公司背景、主要有賣哪些產品或服務，你可以在售後寄出一封歡迎信讓他們知道以上這些事情！

Tip 3. 創建客製化的問候

傳遞給客戶客製化的問候，而不是一般的罐頭簡訊，不但可以讓你的客戶記得你，也可以為彼此建立一個強而有力的商務關係。收件人最好能帶入該客戶的昵稱或姓名，這樣才能塑造成一種個人化的郵件，讓收件人覺得是為了我個人而發信，有被尊重的感覺，但其實是系統大量發送。

Tip 4. 用 Email 和客戶培養感情，增加黏度

你可以介紹一些有教育性質的文章給顧客，培養他們的興趣，與他們建立感情。如果你是賣美容保養品的，就不要直接介紹你的產品。可以分享一些明星保養秘訣、當前流行的彩妝化法……之類的文章，可以透過相關主題的分享來激發消費需求。

或是整理一些實用資訊。你可以搜集網路上對你的會員有用的資訊，像是因應「新冠肺炎」疫情，可以提供如何手製口罩套、提升免疫力的健康知識。不一定要和你所賣產品是同性質相關的資訊，可以選你的目標客群會喜歡的，對他們而言實用的資訊，若你是賣美容保養品的，你就可以整理一些美髮、服飾穿搭、瘦身瑜珈……等的主題式 Email，也是培養顧客的好方法。

Tip 5. 了解你的客群

行銷要做到精準，就是要將「對的訊息傳給對的人」，分眾是帶來提升行銷成效的第一步，當客群分得越準確，越能精確瞄準目標。因此提供目標族群需要的資訊是進行任何行銷行為必須謹慎思考的，胡亂發送電子郵件反而會被收信人無情刪除，或被歸為垃圾郵件，成為客戶的黑名單，造成無效行銷。

你必須了解你的客群，細分你的會員、名單、電子報訂戶……的個人背景，來設計更個性化的電子郵件。不能每次都群發給所有人，因為這會一直折損收件人對你的信任感。

Tip 6. 信件主旨要吸睛

主旨如同文案標題一樣重要。如果會員找不到開信的理由，那你就白發信了。所以，要下受眾對象收件人會感興趣的標題，用新奇的內容或小優惠的誘餌吸引他們點開 mail。

Tip 7. 注意寄發時間

對的時間做對的事，寄發 mail 也必須熟悉用戶的使用行為，找到合適的發送時間，不僅提高點閱率，也能激化行銷效果。因此如何找到寄發郵件的「最有效時間」，就要多多測試，研究消費者行為。

Tip 8. 跟上手機行銷新技術

時下流行的 APP、QR code、遊戲及優惠券下載等行銷方式，都跟手機應用的關聯度產生正向連結，郵件行銷搭配上述行銷模式將能產生「立即點擊」的行銷效果，而這個點擊就可能帶來成功訂單。

Tip 9. 電子報要署名

署名就是寄件者的顯示名稱和電子郵件位址，最好不要經常更動，因為這是要培養信任感；反之，如果沒有署名，對方根本不知道你是誰。

Tip10. 提供你的聯絡方式及取消訂閱的功能

信中至少設一個連結連到官網。固定式的電子報，在最上橫幅可放一張公司 Logo 圖，並連結到企業官網。此外，即使再好的內容，也可能有人不喜歡，所以一定要提供一個取消訂閱的功能，而且要步驟簡單方便，才不會增加會員的困擾與不便。

追求更高的轉換率——Email 再行銷（Retargeting）！

如今網路讓消費者能多搜尋、比價，決定在何時、何地購買產品及服務，也導致行銷人員需要花更多時間創造互動、創造對話，才有機會將產品銷售出去。也因此有專家說「獲取一個新客的成本是維護一個舊客戶的五倍」，所以比起獲取新客，利用手邊已有的名單做好再行銷規劃，找出關鍵客戶創造口碑，更能達到長期穩定的行銷成效。

Email 成本通常較低，蒐集到的名單可以直接接觸到消費者，且容易對名單做分類來設計客製化行銷內容，適合拿來圈粉、養客，培養客戶的忠誠度。

就是要利用 Email 名單多多「創造潛在銷售機會」，例如，針對剛訂閱電子報或服務或成為會員的人寄送歡迎信，有助於收件人了解公司的產品及服務，同時可以介紹公司其他產品，以提升產品的曝光機會。或是當客戶訂購的產品、服務已到期時，可以寄出感謝信了解對方的使用感受，並確認再次訂購的意願。

對於那些成為會員，但長期無互動或反饋的，我們可以嘗試寄送信件喚醒他們的記憶，同時，也能再次確認他們繼續訂閱的意願，並透過定期刪除無效益的 Email 名單來提升郵件效能。

Email 行銷要真正發揮功效，請確實做好以下步驟——

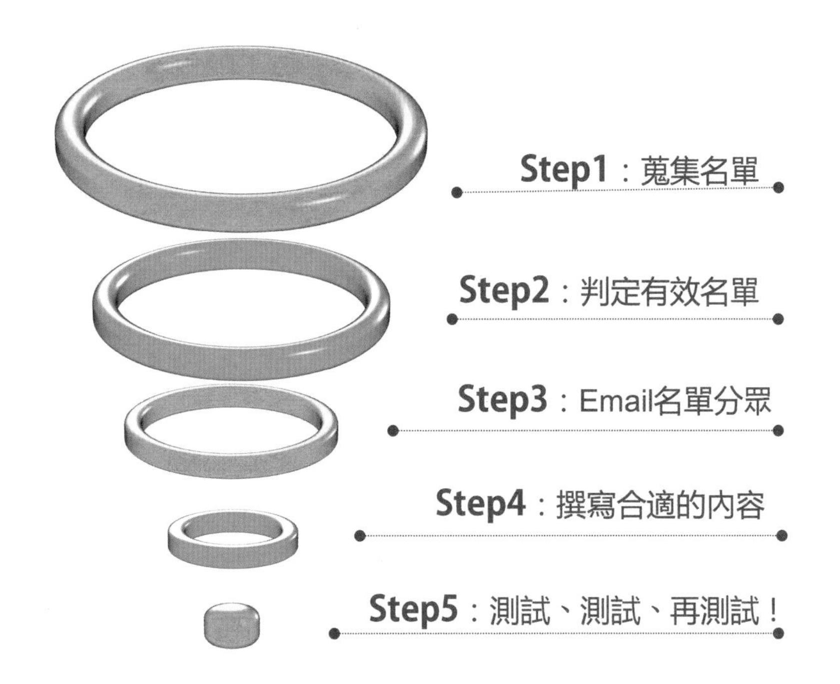
Step1：蒐集名單
Step2：判定有效名單
Step3：Email名單分眾
Step4：撰寫合適的內容
Step5：測試、測試、再測試！

Step 1：蒐集名單

除了購買名單之外，常見的蒐集方式有以下幾種：

- 註冊會員
- 部落格訂閱
- 電子報訂閱
- 能吸引潛在客戶下載的資源（如電子書、報告、免費軟體……等）
- 實體活動
- Facebook 粉絲專頁、Line 官方帳號註冊等第三方社群平台

蒐集名單時需以同理心設想：「如果你是消費者，你是否願意留下資訊？」，設計方便且有說服力的蒐集情境讓消費者自願留下訊息，以避免蒐集名單時可能讓消費者產生不悅的情緒。

最好是許可式名單，就是經過對方允許後的客戶名單。想想你自己，是不是你每次收 Email 會點開的郵件都是那些寄件人是你認識或者知道的人的？而那些你不認識的人寄來的，你不是跳過就是刪除。而且通常這類的垃圾郵件，大多也都直接被判定為垃圾郵件居多，客戶連看都看不到。也就是說只有你允許過可以寄信給你的人，你才會願意打開信件，並閱讀他提供給你的資訊。就像是你在網路上填寫資料索取過某

一家保養品的免費試用品，之後對方會定期寄優惠資訊給你。你成為博客來的會員，所以他們會定期的發送新書推薦或當月 66 折優惠書訊給你。你填寫了某飯店的客戶的滿意度問卷，飯店就會定期地發送活動訊息給你……等。所以，請開始蒐集有效的 Email 名單（設計能讓對方主動填寫資料給你的那種）。

Step2：判定名單是否有效

發送 100 封精準的 Email 與隨機發送 1000 封 Email，哪個有效呢？在發送信件前，我們可以透過以下的原則來判別名單是不是有效的？

- 資料真實性：**若名單中有較多錯誤的 Email 地址及個人資訊，會影響後續再行銷的進程。**
- 時效性：**一個人一年前與近三個月的消費習慣可能大不同，因為可能結婚了、開始工作了……身份的轉變連帶地消費行為也會跟著轉變，所以要定期檢視名單的資訊是否符合消費者真實的行為。**
- 相關性：**這些名單是否對於你的產品或服務有興趣？可以從瀏覽紀錄、消費紀錄等去辨別消費者的喜好。**

Step3：Email 名單分眾（Email List Segmentation）

當擁有了一份有價值的名單，若沒有善加利用豈不是很可惜呢？這時候，需要區別目標受眾再寄出信件，才能發揮所蒐集到的名單價值。有研究指出，Email 名單分眾後再寄出，總開信率會比未做分眾的信件高出一成，點擊率則高出一倍。

你可以這樣分類你的客戶名單：

- 性別
- 年齡
- 地理位置
- 職業或從事工作的產業類型
- 職位

- 教育程度
- 購買紀錄
- 瀏覽紀錄
- 較有興趣的議題……等

你必須細分你的會員、名單、電子報訂戶……的個人背景，名單分類後，就能在下一階段設計更個性化的電子郵件。不能每次都群發給所有人，因為這會一直折損收件人對你的信任感。

Step4：撰寫合適的內容

就是要將對的內容傳達給對的人。當有了有價值的名單後，我們需要一封客製化的內容讓收到信件的消費者願意行動。所以你的郵件內容就是要提供與收件人高度相關且有價值的資訊，就是給客戶他想要的。如果對方曾瀏覽過某保養品的評價或是相關的保養知識，你投其所好地推薦對應的產品及折扣訊息，更能激勵其做出實際的購買行動。也就是說你希望針對哪些特定的人，傳達給他們什麼樣特定的訊息，你就通知他們即可，其餘不相關的人就不用發。

你的內容要力求讓收件人能牢牢記住你。最好的方式是在潛在客戶留下 Email 的時候，寄給他一份對他而言高價值的禮物。如果你是經營瑜珈館的，那就贈送他影音視頻，主題可以「7 分鐘快速燃脂的運動法」、「睡前 10 分鐘放鬆肩背的伸展瑜珈」……等。

潛在客戶（收件人）會因此對你很有印象，因為你提供給他的是他需要，他會想立刻使用你的產品（觀看影片、試用保養品……等），這樣你在他心中的印象是鮮明的，因為你的內容是對他有幫助、有利的，漸漸就能累積對你的信任感。

試想如果你今天在一個美食網站上訂閱了關於「料理 DIY」的相關資訊，結果對方卻一直不斷寄給你關於「美食餐廳的分享」，你是不是會覺得很煩，因為那不是你預期想收到的內容，久了你就漸漸厭煩再收到這些內容，一點都不會點開來看，甚至想退訂。所以請一定要做好分眾行銷，才不會做白工。

- **新名單、新會員：** 發送歡迎信或者關於你公司或個人的介紹，讓他更了解你。
- **老客戶：** 針對已經有消費過的客戶，給他們一些忠實客戶的專屬優惠券，或針對他們購買過的產品主動發一些相關的新品推薦……等。
- **喜好 & 興趣：** 如果你是一個培訓課程網站，你有不同的會員會跟你訂閱不同的電子報內容：A 群體是訂閱行銷方面的內容，B 群體是訂閱投資方面的知識。當你預計要發佈關於股票投資的教學時，你就只需要發給訂閱過投資相關內容的 B 群體。如果你認為 A 群體可能也會對股票有興趣，你也不能直接就發過去，你要先發一封獨立的內容，詢問他們除了行銷方面的內容之外，股票的內容是否也有興趣，有的話請他們勾選，這樣才不會讓他們感到厭煩。
- **區域：** 假設你有個產品發布會是在台北舉辦，那你的 mail 就要鎖定發給大台北區域的會員就好，桃園、基隆、新竹……這些地方的人就好。距離太遠的就不需要了。
- **未完成購買用戶：** 有些客戶會先將有想要買的產品先加入購物車，但尚未完成結帳，這時你就可以再客製化推薦信給他，再加把勁促成他完成購買。

Step5：測試、測試、再測試！

做好前四個步驟後，還要做測試，藉由實際測試如 AB testing 調整信件內容，建立實驗組及對照組，找出最適合的！

而名單也不是越多越好，還需要持續不斷地蒐集各種受眾的資料及

行為數據，經過分析後調整 Email 行銷的規劃，再投放，再測試，才會日益精準。

透過 Email 行銷，能找回消失的流量、提高轉換率，需注意的是，有些人喜歡關聯性高的訊息，而有些消費者則討厭被監視的感覺，所以一定要做測試和調整，才能發揮 Email 行銷真正的功效！

要準確增加開信率和點擊率，還得注意後續電子報內容是否對應。當客群分得越準確，越能精確瞄準目標。Email 要確實做好分眾行銷，關鍵就是要做好分類，當你做好之後，你就會發現你的訂戶越來越活躍，信件開信率逐漸提升，自然營收也成長了。最後會發現：你所尋找的客戶，可能也正在找你，藉此達到雙贏。

16 TOPIC

內容行銷：把自己深入地推銷給顧客

過去的行銷重視產品本身，認為只要提供足夠好的產品就能吸引消費者購買，但如今的行銷更重視你能給客戶提供什麼有價值的產品及服務？傳統單靠廣告宣傳自家產品的方式，已日漸不符合客戶需求，網路經濟時代為深度行銷創造了優越的條件，像是對曾瀏覽過某保養品的消費者分享相關保養知識，並推薦對應的產品及折扣訊息，更能激勵他實際購買。所以，以內容精準行銷吸引顧客，效果可達事半功倍！

很多情況下，顧客不買你的產品，是不相信你的產品介紹文，或是不相信你本人或你的企業。對於新產品、新企業，尤其需要在短時間內使廣大消費者知道你的產品、買下你的產品，除了了解之外，還必須加上信任。如今借助網路的飛速發展，就能透過文字、圖像、影音視頻等多元化、多角度地將企業自己深入地介紹給顧客。

企業可以製作自己的網頁，並輔之以多媒體技術，同時用聲音的、文字的、圖形的方式，將成長經歷、企業文化、核心技術、生產歷程、專業認證、用戶口碑等全方位地展現給顧客。此外，還要隨時更新網站，將公司的每一個活動即時地展現在顧客的面前。成立線上客服與顧客進行雙向交流，傾聽顧客對企業的意見、建議，以獲取顧客的信任感和親和感。

企業應該通過網路，與顧客交朋友，了解顧客的喜悅和痛苦，然後從關愛他們的角度出發，進行情感行銷，詳細深入地介紹產品的功能，使用方法，並且追蹤用後效果。同時，通過網路隨時回答顧客提出的問題，雙向交流，深入溝通，才能培養顧客的忠誠度。

針對消費者需求經營內容

企業要把顧客視為親友來關心，詢問並了解他的痛苦經歷並向他提出各種解決方案。針對他們感興趣的議題或疑問，提出實用的解答。例如：如果你是健身房業者，你的目標客群是想上健身課程的消費者，他們可能是想減肥、打造完美體態、想運動鍛鍊體能，你就可以寫一篇分享文，內容是：選擇健身房的重點。裡面分享了健身教練的專業建議，什麼運動燃脂最有效、有氧運動的選擇……定期發出有關健康、運動、瘦身的話題，經過時間的醞釀，就能引起消費者的興趣，你再推出你的客製化教練服務，在他信任你的前提下，成交的機會就會高出許多。

有些企業是透過建立自媒體內容，來累積口碑，他們不但不會避談競爭品牌，甚至有的會刻意成立中立媒體以維持客觀的角度，提供消費者真正需要的內容資訊，藉以提升內容被看見與分享擴散的機會，這樣的做法反而更能提升品牌在消費者心中的信任感。

內容行銷已是重要趨勢也是未來主流，你需要更好的內容行銷策略以提高消費者的參與率，而獨特且個性化的內容更能幫助消費者記住品牌，並鼓勵消費者與品牌有更多的互動、提供更多的回饋，品牌也能藉此更了解消費者需求，形成正向循環。

這種讓潛在消費者透過網路搜尋、社群等主動的方式自動找上門，並且藉由設計行銷路徑去做內容分析、追蹤與優化，再進行消費者分群操作，讓潛在消費者轉而消費購買成為你的客戶。

借助臉書和微信等社交媒體進行傳播

臉書、部落格等社群媒體，只要短短的幾段文字加上圖片，就能實現分享交流的效果，具備便捷、即時、互動等多種特性。對於企業來說，能將企業的核心價值傳播

出去，從而吸引使用者或潛在客戶關注留意公司品牌，並參與交流、互動。除此之外，還能及時發現負面資訊，並進行合理的解釋、開導，化解矛盾，淨化網路中的不良口碑，發揮一定的危機公關作用，更幫助企業快速有效地累積粉絲群及好口碑。

要想打理好企業官網，需要做到以下幾個方面：

- **內容託管：通用話題、企業資訊、實用類、情感類、新鮮類、娛樂類、消遣類、影音類。**
- **活動策劃：活動文案策劃、活動圖片設計、活動跟蹤推進、活動結束、活動總結報告。**
- **CRM管理：客戶歸類、客情日常維護、客戶口碑引導、客戶投訴解答、客戶溝通互動。**
- **輿情監控：企業話題關注、競爭對手關注、輿論口碑引導、危機公關。**

透過官網和 FB 等社交媒體與粉絲溝通。如果說企業官網和 FB 是社會化媒體時代的代表作品，則 LINE 是社會化媒體提升為行銷的升級版本，確切地說是一些行銷的升級版，當既「精準」，又能「互動」的 LINE 和 LINE@ 出現後，一切行銷思維似乎被人為地改變了。

LINE 的個人帳號就有較強的個人屬性，其好友和粉絲被賦予較強的「關係」符號。而 LINE@ 公共平臺在這個基礎上，對用戶進行更加細緻和嚴格的管理。雖然目前開放平臺更多體現在 App 的開發和經營上，但基於 LINE 使用者資訊的點對點推廣，已成為開放平臺的必然選擇。

LINE 和微信等現有的資訊傳播方式主要有打卡、二維碼、開放平臺、公眾平臺、語音資訊、圖文資訊等幾種方式，而這些方式都有一個共同點，那就是特別適合「推送資訊」。

與企業的官方網站相比，LINE 和微信的互動性顯然是更好的。對用戶來說，資訊的一對一推送，有專屬管家的感覺；訊息的 100% 送達，更像是一對一的資訊派發，是及時有效的資訊傳播途徑，讓資訊最及時抵達到客戶端，提供用戶做決策提供最為有效的依據。結合地理位置和使用者喜好的資訊傳遞方式，讓用戶體驗到更為便利的感覺；而這一切的服務，都是以使用者為中心。

經營粉絲專頁五大心法

UCC 是網路上的專有名詞，指 User Created Contents, Contents 指的是內容，我們在網路上看到的內容都是，到底是誰做的呢？FB 上的內容是 FB 做的嗎？不是，那些都是用戶自己做的，這才是最高明的。Uber 有沒有一台屬於自己公司的車嗎？沒有。那 Airbnb 旗下有沒有什麼房子呢？也沒有。這招就叫空手套白狼，這是你一定要學會的。

所以最高明的借力就是 UCC，你讓 User 自己去產生 Created 內容，這就叫平台，你搭建好平台，讓別人上來做內容，這才是最高明的借力。

1 創造被分享的價值

經營粉絲專頁，最重要的關鍵就是創造被分享的價值。也就是說重點不是你在賣什麼東西，而是分享什麼內容，因為內容為王。發布的內容，除了文字外，可以結合圖片或影音，文字最好不要太多行，因為這不是寫書，而是提供讓粉絲想看、按讚、留言和分享的內容。內容千萬不要全都是行銷文，因為我們平常已經看太多銷售的訊息了，可依粉絲專頁的定位和類別，來決定發布的內容。如果不知發布什麼內容好，可以用知識性、休閒娛樂性等主題當發布素材，因為這些主動是廣被大眾所接受不排斥的。記住！粉絲專頁的目的不是利益導向，而是經營粉絲，創造一個快樂分享互動的園地。所以，當你在發布一個訊息時，先問問自己會不會喜歡，若連你自己都不喜歡，粉絲們怎麼會喜歡或分享呢？

2 發文的頻率

這其實沒有硬性規定。但如果你在幾分鐘內發送數篇訊息，可能會造成粉絲塗鴉牆被洗板現象，引起粉絲的反感。有些粉絲專頁會一天分早、中、晚不同時段共發文三次，因人而異。重點是如何間隔發送不會造成反感，又能讓粉絲喜愛，這才是我們要思考的。

3 發文的時間

社群媒體管理公司 Vitrue 於 2007 年 8 月到 2010 年 10 月，針對美國一千多個品牌，一百六十四萬則訊息和七百五十六萬留言的大規模調查發現，Facebook 用戶使用的高峰時間為美東時間上班日的早上十一點，下午三點和晚上八點，週日最不活躍；而美國德州行銷顧問公司 The Marketing Spot 的專家提出的個人測試報告，發現 Facebook 訊息最佳曝光時間每天晚上八點，早晨六點最不好。上述兩份研究報告都是國外的經驗，不同國家在使用上應該會有些許上的差別。以台灣來說，有專家認為下午茶和晚上睡覺前為最佳發文時段。

根據專家的研究發現，在粉絲專頁發文一則，平均約有 15% 的粉絲會看到，也就是說你所發的訊息不會讓所有粉絲都看到，因為每位粉絲上 Facebook 的時間和長度皆不同。

4 和粉絲互動

在粉絲專頁如何創造互動？最簡單的方法就是問問題。你可以問一個簡單的問題讓粉絲們發表自己的意見，如果有粉絲提問一個問題，最好能立即回應。

範例：Cheers 雜誌在粉絲專頁上問網友哪個封面好？最後吸引來二〇九位粉絲留言。

5 發文不間斷

每天發文，持續發文，是粉絲專頁管理員要做的事。當腸枯思竭，為了想發什麼文而想破頭時，可以直接分享他人的內容，不一定每次發文都是自己原創。當然，你能天天都有新的原創內容是最好不過了。如果你想半夜十二點發文卻不想撐到那麼晚，或明天一大早七點發文卻不想那麼早起，或者某天因故無法發文時，可以使用「粉絲頁小幫手」工具，讓你可預先設定好發文的時間和內容，時間一到，系統就會自動發文。

你可以在 Facebook 搜尋欄搜尋「粉絲頁小幫手」，點選「粉絲頁小幫手」，再按應用程式中的「粉絲頁小幫手」，即可使用，操作相當簡單方便。

活躍你的社群一直是提高抓客力的最佳方法，你不只是建立寶貴的資產，每當社群成員因為新產品或活動而聚集時，將為你創造更多的宣傳者。當你沿著這條路前進，伴隨的將是志同道合者共創成功的腳步，努力創造集客力吧！

17 TOPIC 社群行銷：從陌生到狂推

「社群」是什麼呢？是指一群有共同興趣、認知、價值觀的用戶聚集在一起，發生群蜂效應，他們一起互動、交流，在這個社群裡，大家經常溝通、建立感情、互相幫助、彼此信任，從而形成強大的凝聚力。在過去，一個人可能生活在不同的社群裡，喜歡財經的人在一個社群：喜歡旅遊的人在一個社群……一個人會有很多愛好、身分和標識，他可能生活在很多的社群裡，但在同一個社群裡的，人們的價值觀和審美一定是互為認同的。

社群經濟正是基於社群而形成的一種經濟思維與模式，它依靠社群成員對社群的歸屬感和認同感而建立，借由社群內部的橫向溝通，發現社群及成員的需求，其重點在於透過這些需求，而獲得相應的增值。你可以利用社群——

- **培養社群並促進互動關係——愛好者彼此聯繫，一起做感興趣的事情。**
- **隨時和你的社群成員溝通——提供他們渴望獲得且重視的一手訊息與內部消息。**
- **總是保持透明——讓他們樂意接受你的導引。**
- **設法讓高品質成員加入你的社群——採行確保高品質成員持續存在的戰略與戰術。**
- **讓社群成員協助開發產品並提供內容（UCC）——利用他們的想法導引未來產品開發的方向。利用社群成員的熱情達成你的任務。**
- **從社群成員中招募員工——將你的社群視為孕育團隊人才的完美園地。**

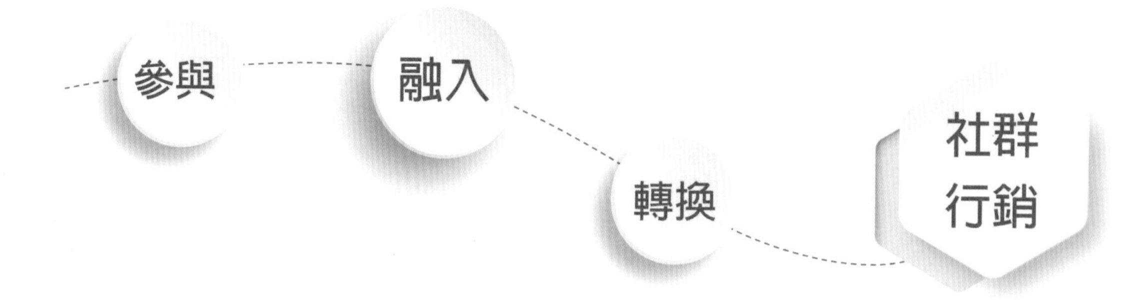

不管是什麼樣的年齡，在什麼地方，從事什麼行業，人們都有一定的消費需求，有自己的喜好，習慣於某個品牌的牙膏，或某個品牌的 3C 產品，這些擁有相同喜好的人們聚在一起，就構成了許多粉絲團。在網路行銷時代，有粉絲的地方就會有行銷，於是各個企業開始借助粉絲的力量展開粉絲經濟模式，粉絲行銷也隨之成為了網路行銷思路中最奪人眼球的一種方式。

這個時代做生意的關鍵就是「社群經濟」，用社群創造商機交流、推薦、分享、購買，藉由社群互動，產生購買行為的方式，這也是社群經濟有意思的地方。在以前，行銷主要透過廣告，從電視廣告裡，你已經知道它要賣東西給你，所以你的戒備心會早早就升起。但是如果有一樣產品，你看到一堆明星為它做代言，做見證，很自然地就跟著大家一窩蜂地也買單了。一群喜歡 BMW 汽車的人，他們都是 BMW 的玩家，因此，這群人組成了一個社群，當你想要尋找高消費力的潛在客戶，你就加入這樣的組群，這樣你的產品很快就能銷售出去。使用者因為好的產品、內容、工具而聚合，經由參與式的互動，共同的價值觀和興趣形成社群，從而有了深度連結，盈利的商機自然浮現。例如微信就是一個非常典型的案例，它從一個社交工具開始，逐步加入了朋友圈點讚與評論等社區功能，繼而添加了微信支付、精選商品、電影票、手機話費充值等功能。

也有人是靠經營社群而賺到大錢的，在大陸有個「大姨媽」社群，在一開始，只是大家在群組裡討論女性生理期方面的問題，後來有人給建議要如何改善、有人提供相關用品，最後這個社群竟擁有五千萬人的婦女會員，現在你就可以針對這個社群特性，銷售很多有關婦女的產品。

粉絲能帶來財富收入，能顯示一個企業或是一個人的號召力和資源，財富不等於粉絲，但粉絲卻能轉換成財富；明星姚晨成為「微博女王」之後，片約、廣告不斷，身價水漲船高。不同的人吸引不同的粉絲，明星吸引的是關注娛樂圈的年輕粉絲，現代作家吸引的多是文藝青年，這些粉絲在各自的圈子裡相互交流，樂此不疲，成為各行業裡最活躍的免費廣告連結。比如在電影產業，電影公司可以利用明星的知名度吸引觀眾先看片花、預告片，先睹為快，利用粉絲之間的相互傳播達到票房大賣，粉絲行銷不僅在電影行銷方面常被使用，現在也廣泛用於商品行銷中。

很多的行業開始重視粉絲的作用和號召力，粉絲的概念開始向更廣闊的領域延伸，不再只有明星藝人才有粉絲。行動網路時代下，粉絲經濟日漸蓬勃，只要你擁有足夠多的粉絲，那麼你出售的產品一樣可以一路大賣，就像是「486 先生的粉絲團」那樣。

企業一方面可以利用自身的品牌知名度吸引一批十分認同企業價值觀的忠實用戶，例如讚賞 Apple 創新與個性精神的「果粉」，就為 Apple 創造了大部分的收入。另一方面，企業還可以依靠優質的產品品質、服務品質等，在網路社群門戶上進行長期經營和推廣，聚集一大批關注者，拉攏消費者們組成龐大的粉絲群體，而這些粉絲群體透過強大的社交網絡相互傳播分享資訊，達到擴大知名度、增加產品銷量的行銷目的。

Apple 手機產品極大地體現了粉絲行銷的效果，甚至出現一些狂熱的粉絲，他們為了買到最新款的 iPhone 手機，而通宵排隊等候。由粉絲所產生的行銷效果極其明顯，極其驚人，但也說明一點，這樣的忠誠粉絲需要以優質的產品為根本，如果產品本身不夠出色，粉絲的行銷效果也就不理想。

除了投放廣告讓消費者認識店家，企業也可以社群經營品牌形象，拉近與消費者之間的距離。以全聯福利中心為例，過去的主力消費者多為 35~55 歲的中年族群，直到近年以出色的臉書粉絲團經營吸引不少年輕消費者。粉絲團以有趣圖文「火

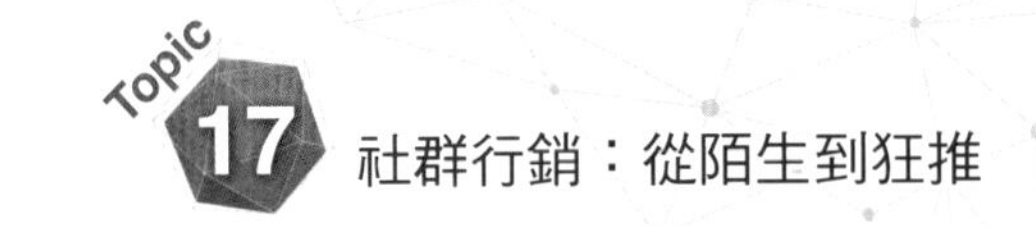

鍋料標語」引發社群上的轉發潮，讓社群用戶自願替全聯分享圖文、達到宣傳效果。全聯成功透過社群操作吸引年輕消費者，並塑造便宜、經濟實惠的品牌形象，30 歲以下的消費者甚至成為成長最快的消費族群。

所以企業要用實際行動去拉攏更多的粉絲，而不是被動地等待粉絲去為你做任何事情。一方面，要站在消費者的角度，站在粉絲的角度，設計出能滿足他們潛在需求的產品；另一方面，要建立與粉絲交流互動的平台，讓粉絲成為你產品的支持者和傳播者，讓他們主動為你的產品代言、打知名度。

別小看社群的力量

你說 100 句話誇自家產品，不如由 100 位部落客幫你說話。想知道現在台灣的大學生在想什麼，到「PTT」逛一圈你就知道了！台灣規模最大的學術網路（BBS）——台大批踢踢實業坊（簡稱「PTT」），擁有 60 萬、平均年齡 21 歲的會員數，每日平均流量高達百萬人次，其規模之龐大，讓其他社群難以望其項背，而 PTT 也成為年輕人發聲的超級媒體。

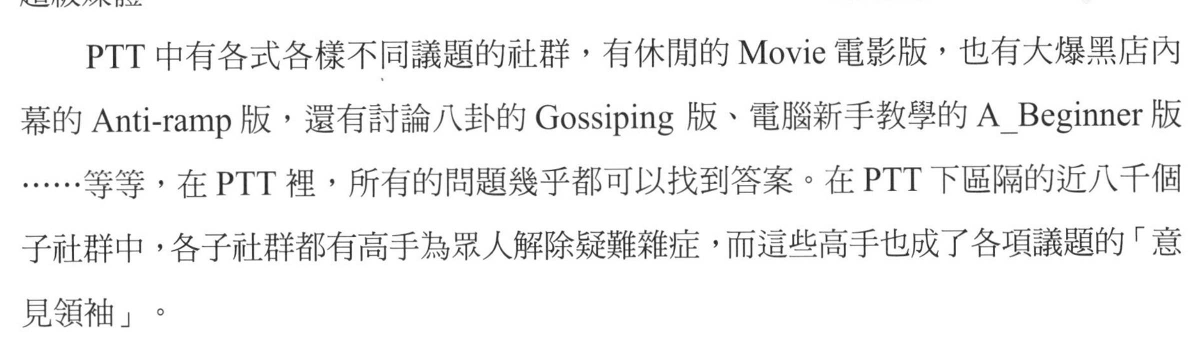

PTT 中有各式各樣不同議題的社群，有休閒的 Movie 電影版，也有大爆黑店內幕的 Anti-ramp 版，還有討論八卦的 Gossiping 版、電腦新手教學的 A_Beginner 版……等等，在 PTT 裡，所有的問題幾乎都可以找到答案。在 PTT 下區隔的近八千個子社群中，各子社群都有高手為眾人解除疑難雜症，而這些高手也成了各項議題的「意見領袖」。

在會員互相討論，以及意見領袖的分析下，就有可能造成商品熱賣或滯銷的結果。以其中的 Beauty Salon 美容保養版為例，某網友在該版表示自己使用埔里酒廠生產的「酒粕」敷臉，沒想到膚質變得光滑白皙，因而造成埔里酒廠酒粕每日狂銷近五百瓶，

原本乏人問津的釀酒殘渣成了搶手貨，讓埔里酒廠吃驚之餘，也大賺了一筆！此外，出版界也搭上這股熱潮，推出「酒粕美容」相關書籍，而這股酒粕炫風就是來自網路社群的力量!!

你知道團購的力量有多大嗎？只靠企業團購，賣捲心酥一個月就可以有一千五百萬業績！這可不是隨便唬人，「黑師傅捲心酥」就是有這樣的魅力，讓全台灣的上班族迷戀不已；還有屏東潮州心之和 Cheese Cake 現在下訂單，你可得等上兩個月才能吃得到！台灣的上班族熱愛團購，除了捲心酥這種小餅乾之外，水果、肉乾、維他命、床單、奶酪、飾品、包子、蝦捲、滷味、電影票……各式各樣，吃的、喝的、用的幾乎無一不團購。團購之所以在辦公室造成炫風，除了大批訂購折扣較高之外，群眾影響的心理因素也是關鍵之一。團購商品很容易在辦公室中造成話題，同事間熱烈討論更讓彼此因有共同話題而增進情誼，而在口耳傳播及網路社群的討論之下，也很容易讓商品從受歡迎轉變成為超級熱賣。適當利用團購通路推廣產品，產品一旦受到上班族喜愛，其帶來的營業額將不可預計。

口碑行銷：讓產品或服務自己說話

口碑來自美好的體驗

所謂口碑，是指企業在品牌建立過程中，透過客戶間的相互交流，將自己的產品資訊或者品牌傳播開來，以取得一定的影響力和品牌效果；口耳相傳的效果更具影響力和可信度，於是用戶在口碑傳播的過程中就顯得格外重要了，所以企業一定要找到方法讓用戶幫你進行口碑傳播。

我們先來看看以下這個案例：

在美國有一家比薩店，名字叫「Flying Pie」。進入它的官方網站看，並沒有什麼特別之處和其他商家大同小異，然而這家比薩店推出的線上行銷方案卻十分有趣、令人驚豔，推行了幾年後，就讓城裡的每個人都知道了這家小店。

這個極成功的線上行銷方案叫「It' s Your Day」，它完全沒有做太多的網站內容，就能達到極大的傳播效應。Flying Pie 每天都會挑出一個「名字」，比如 1 月 1 日是「May」，2 月 11 日是「Jack」，他們會邀請五位叫這個名字的幸運民眾，請他們當天在餐廳的離峰時段下午 2 點到 4 點或晚上 8 點到 10 點，來 Flying Pie 的廚房免費製作自己的比薩，完成後還會讓幸運顧客和他們做好的成品一起拍張照片，並發布到網上。

Flying Pie 固定每週都會在網站上公布下一週的幸運名字，每個人都可以在 Flying Pie 官網上看到每日幸運者清單，看看自己或認識的人的名字有沒有在名單上。

Flying Pie 告訴消費者，如果你看到你朋友的名字，歡迎告訴他，千萬別錯過這個大好康。

而幸運名字的選定也非常有趣，Flying Pie 會請每個來參加過「It' s Your Day」活動的人建議下一位幸運者的名字，他們可以提自己的親人、朋友或同事，參與幸運名字的投票，把這個票數作為決定下一週幸運名字的參考。這樣做的好處是，讓這些已經參加過的人們能邀請更多的朋友過來，讓顧客主動為 Flying Pie 比薩店進行口碑宣傳，這樣一來，Flying Pie 比薩店的客群就會越來越大，不斷產生新客戶。

表面上看來，Flying Pie 每天讓五名幸運顧客來免費做比薩，事實上並沒有每天都有五名顧客來參加，因為每個人都有自己的工作要做，大家都很忙，真正會來參加免費送比薩活動的人並不多。所以 Flying Pie 的行銷活動成本並不高，而且即使這些人不來，也不影響這些人們四處幫忙傳播「Flying Pie」的好康活動，因為自己親手做的手工比薩就很吸引人，沒有人不想拍照分享在臉書或朋友圈中。這個創意構思雖然簡單，但口碑傳播效果卻出奇得好，Flying Pie 所贏得的不只是這位幸運兒，而是他背後的整個朋友圈。

好口碑帶來好的行銷效果

最近行銷界人人都在談「爆品」，「爆品」是什麼意思呢？我們就字面上來理解，「爆」是指引爆、爆發的意思，「品」是指產品、品牌、品質，「品」由三個口組成，是眾口鑠金，是口耳相傳，並最後成為口碑。產品有好品質才能產生好口碑，而好口碑就會帶動產品爆發。

如果你想做爆品，那你的產品一定要有非常好的口碑，擁有好的口碑才能引起消費者的關注，帶來口耳相傳、讓消費者主動購買，提升銷量。讓用戶之間相互分享推薦是前提，沒有口碑的產品不可能被稱為爆品。

消費者的主動推薦，更是一種免費的口碑傳播，相對於收費廣告，大大降低了行銷成本。尤其是對時下的年輕人來說，他們更相信使用者口裡說出來的產品感受，口碑宣傳比廣告宣傳更可信，這也是為什麼大家都愛看開箱文，搜尋和參考網友們的推薦。

要想讓所有人為你的產品或服務主動推薦，既要有實實在在的好產品、好服務，還要有忠實的用戶為你傳播口碑。這是很多企業意識不到的，他們可能會認為只要宣傳做得好，就會傳出好口碑，以至於追求浮誇忘了重點在於產品。

使用商品的體驗是超乎預期的美好或驚豔；消費流程的體驗是流暢與安全的，能讓用戶產生信賴感的，對形成傳播和塑造口碑都有非常好的效果。DHC 就是採用試用體驗的行銷策略，消費者只需填寫個人真實資訊和郵寄地址，就可以拿到四件組的試用套組。當消費者試用過 DHC 產品後，就會對 DHC 的產品有所評價，並且和其他潛在消費者交流，如果試用品的品質很差估計這個品牌就砸掉了。

口碑形成的最基礎要求是必須確保優秀的產品品質，劣質的產品肯定不會有好的消費者體驗，自然就不會有良好的口碑。即便你砸大錢打出來的廣告有多醒目，營造出多大的宣傳都是經不起考驗的。再加上網路平台提供給消費者的低抱怨門檻，更可能擴大產品缺陷的曝光，反而帶來了極大的反效果。

「傳播」是口碑行銷的關鍵點，好產品是好口碑的根本和基礎，好的行銷方案是引發好口碑的輔助手段。你產品做得再好，如果別人不知道，那還是無法發揮產品應有的價值；「知道產品的好處」，並不能體現出價值，更重要的是消費者要認可產品，因為購買的前提是知道後認可，而不是只有知道。另一方面，如果行銷方案做得很好，而產品不給力，那麼好口碑很容易就轉變為「醜聞」，唯有兩者相結合，才能贏得所有人一致的讚賞。

 讓所有人為你按讚，主動幫你傳播

要想讓所有人為你的產品和服務按讚，既要有實實在在的好產品、好服務，還要有忠實的用戶。一個品牌要想做出成績，最重要的是有好的口碑，而好口碑是傳出來的，也是做出來的。如何做才會贏得所有人的讚，按「讚」成金，以下是建議的做法：

1 讓使用者為你的產品按讚

產品為王，能給使用者提供確實受益的使用價值的才是好產品，名副其實的好產品才能贏得使用者真心的讚美。如果你能給顧客一個特別難忘的美好經驗，例如你的餐點好吃到讓顧客求婚成功、你為她推薦的衣服被大家稱讚女神、第一次使用點餐叫外賣其便利的介面讓用戶很驚艷等等，只要讓顧客被稱讚、帶給他開心的體驗，你就成功賺到了一名鐵粉，他就會自動自發地幫你口碑行銷。

買方市場大行其道的今日，用戶體驗和用戶口碑俱佳才能刺激用戶的消費行為。如果沒有好產品，再好的行銷也是做白工，就如雷軍對小米目標的描述一樣：「做讓使用者尖叫的產品是我們的追求，我們更追求用戶使用過後真心的推薦。不僅要把產品做好，而且要讓你的消費者、你的用戶去向你身邊的人推薦，這就是小米的目標。」好的產品、好的服務都是讓使用者為你按讚的籌碼。

2 讓用戶為你做口碑行銷

做了以上那麼多事情，當然我們希望用戶可以把我們的「好」擴散出去，吸引更多潛在用戶，讓更多人知道我們的產品、認同我們的產品。只有真正使用過產品的人、享受過服務的人，才能說出真實的感受，並把這種美好的感受傳播給周圍的人。所以，我們要找對傳播源，定位最佳忠誠用戶，以點帶面，以忠誠用戶帶動更多的潛在用戶。與那些大牌的明星代言相比，忠誠用戶的真實體驗與推薦，更容易贏得消費者的信任，

更容易傳播給他們身邊的親朋好友，也會更積極地影響他們身邊的人的購買決策。

- **培養品牌忠誠用戶：**利用本身的品牌知名度，或依靠自身過硬的產品品質、服務品質等，培養品牌的忠誠粉絲群體，為口碑行銷拉絲結網。
- **鼓勵使用者寫出產品體驗的過程、使用回饋和評價：**將這些有用資訊轉傳給潛在使用者，告訴他們擁有產品後能獲得的好處。
- **搭建網路社交平台：**如臉書粉絲頁、推特、部落格、微信、公司網站等，給用戶提供更多為你按讚的途徑，用戶的積極評價是最好的口碑行銷。

3 讓粉絲留下評論

口碑行銷離不開傳播媒介，因為你需要為產品資訊、品牌故事的傳播，提供一個良好的網路行銷主戰場，並在此媒介上大面積開花。企業網站、社區論壇、微博、微信等都可以成為消費者之間互動的平臺，在這樣的平臺上，企業不但可以傳達自己的行銷理念，還可以傾聽消費者的心聲和訴求，在交流中加深情感互動。

用戶在互動平臺上進行傳播時，一般都會運用撰寫評論的方式，即所謂的網購點評，超過 90% 的人都只會瀏覽點評，只有不到 20% 的人願意進一步留言互動，包括註冊或點讚，只有不到 10% 的人願意主動分享購物體驗。通常用戶願意互動交流的原因有以下四種：

- **氛圍驅動：**平臺內各用戶發言評論熱烈，引起共鳴後言之有物。
- **性格驅動：**用戶本身就喜歡自我分享和傾訴，期望自己的留言或想法能夠說服到他人。
- **情感驅動：**內心感受深刻，遇到或興奮或憤怒的極端購物體驗後，需要宣洩。
- **利誘驅動：**透過互動行為可以累積積分，或抽獎或得到獎品。

+99

有電子商務的企業都比較重視消費者的評論，因為他們深深明白，關注就是銷量，評論就是利潤。舉個最簡單的例子，淘寶網店把提高商品好評率做為一件大事來做，有些店鋪甚至會花錢請人寫好評，為什麼呢？因為一個淘寶店鋪會因為消費者的一個差評或者評分低而導致權重下降，而影響排名，就會直接影響到產品的銷量。那要如何提升店鋪評分與好評率呢？

首先，一定要有耐心，關注每一個細節，抓住每一個提高店鋪評分與好評的機會，日積月累定能見成效。提高服務品質是一個關鍵點，服務行業就是這樣，不能因為消費者的某句話不好聽，就影響自己的服務態度，這樣反而會給自己帶來負面影響。

另外，網店的商品詳情頁面一定要認真規劃，縮短商品照片與實物之間的差距，避免發生不必要的糾紛，引起消費者心理反差。

最後，快遞公司的選擇也會影響店鋪的好評度，好的快遞公司服務效率高、配送速度快，自然能為你的店鋪加分；做好售後工作，也能提升回購率，潛在地提高了店鋪評分與好評。

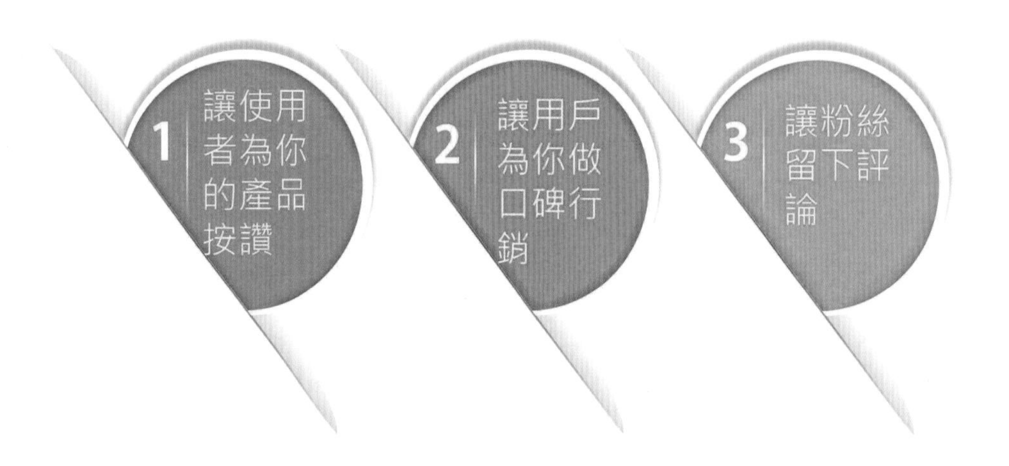

 口碑行銷的六個關鍵點

在我們日常生活中，處處都能看到這樣的場景，例如熱愛美食的朋友，如果公司附近新開了一家餐廳，他會第一時間去品嚐，覺得菜色好吃，用餐環境佳的話，他不忘拍照上傳廣而告之他的臉書朋友，甚至帶同事去吃，期間也不忘推薦這家餐廳的特色菜品。一名數位達人如果購買了一款最新款的數位產品，例如三星「Gear 360」，

必然會在買下的第一時間 PO 出開箱文來顯擺一番，附上大量產品細部照片與使用情境照，甚至即時直播介紹其 360 度攝影的功能，透過直播進行直接的傳達影像，讓初次看到此 3C 產品的消費者也萌生購買之意，於是他就在不自覺中為這些產品做了一次現場版口碑傳播。回想一下你的生活周遭是否有這樣的內行人，自己買了 iPhone 或其他產品，覺得很讚就瘋狂地向身邊的人推薦，帶動其他人也買了 iPhone 或者其他產品呢？

口碑行銷是網路時代大部分企業都非常重視的行銷方式，如今網路快速發展，要想在競爭激烈的商海中佔據一席之地，就要把口碑行銷做到極致，做到口耳相傳，一傳十，十傳百，這樣才能讓自己的品牌、產品資訊傳遍全世界。以下是做好口碑行銷的六個關鍵點：

1 做好產品、好品質、好服務

好口碑離不開好的產品、好的服務。首先就是要在品質和服務上有所保證，只有堅持「產品為王」，理解消費者的需求，並發揮產品的最大價值，才能滿足消費者的實際需求，最後贏得好的口碑。任何一種完美的行銷手段都掩蓋不住產品本身的不足，沒有營養的產品內容，即使穿上再華麗的行銷外衣，也只能吸引消費者一時的注意，得不到長久的關注和持續的支持，甚至會導致負面的反效果。

2 尋找口碑傳播中的關鍵聯繫員

口碑傳播是透過使用者之間的相互交流將產品資訊或品牌故事傳播開來的，所以在廣大的消費者中尋找口碑傳播中的關鍵人物尤為重要，我們不妨把這些關鍵人物稱為口碑行銷中的「意見領袖」。這些「意見領袖」可以是社會菁英，如成功人士、社區管理者等，擁有一定社會地位的人，他們善於交際，交際範圍比較廣泛。

「意見領袖」也可以是消息比較靈通，又善於廣泛傳播的「聯繫員」，比如公司裡善於傳播八卦新聞、小道消

息的「大喇叭」，只要是他們知道的事情，很快身邊的其他人就都知道了。另外，企業也可以透過與部落客合作，透過寫口碑文或是拍攝 YouTube 影片，來宣傳品牌及服務，也是現今常見的行銷手法。

3 與粉絲進行互動分享

不是將產品資訊傳遞給聯繫員，聯繫員就能幫助企業進行免費的口碑傳播，口碑行銷還離不開與粉絲之間的互動與分享。在粉絲經濟時代下，我們要準確掌握粉絲的心理變化，把粉絲當作自己的朋友，瞭解他們真正的需求，並根據他們回饋需求的資訊及時調整、改進產品和服務，做到超出粉絲的預期；與粉絲間的互動方式也是多種多樣的，如節假日的祝福問候，周到的售後服務等。同時，企業要多多鼓勵粉絲進行體驗感受的分享，他們的用戶體驗經驗對那些潛在客戶來說異常珍貴，具有消費引導的作用。經常在拍賣網、淘寶購物的人都知道，多看看買家評論總是能看出一些產品問題。

4 以情動人，分享你的新奇故事

一個好的產品和服務，除了「以質取勝」，就是用標準化的品質內容吸引消費者，還要做到「以情動人」，讓消費者認同企業所崇尚的文化、品牌背後的故事。網路時代的口碑行銷要做到極致，做到完美，就要想辦法讓用戶主動為企業宣傳品牌的故事，而那些真正深入消費者內心的故事更能打動消費者，分享的故事可以是新奇的、感人的，也可以是快樂逗趣的，它們都有可能成為消費者與朋友聊天時，讓人津津樂道的題材。

4 提供線上口碑行銷環境，建立互動平台

口碑行銷離不開傳播媒介，因此你需要為產品資訊、品牌故事的傳播提供一個良好的網路行銷環境，並以此為媒介大做文章。

企業可以在網站上設立消費者評論頁面，並鼓勵使用者上網撰寫心得，或是在社群網站，如 Facebook 上留言評論，不必花錢砸廣告就大幅增加品牌的可信度。在這樣的平台上，企業不但可以傳達自己的行銷理念，還能了解到消費者的心聲和訴求，在交流中加深情感互動。

6 線上行銷不動搖，線下口碑齊進行

如今的口碑行銷主戰場雖然是在線上，但很多企業往往因此而忽略了線下行銷，以致於難以達到口碑行銷的最佳效果。2018 年台灣 Uniqlo 因應消費趨勢，推出「網路商店線上下單、店鋪不限金額取貨免運」的服務。確實提供了消費者很大的方便，例如在較長的坐車時間裡，消費者都很習慣拿起手機刷刷網頁、逛逛有沒有什麼新品，這時若是看到自己喜歡的商品，下單後選擇離自己最近的店家取貨，讓購物過程一點負擔都沒有，而且消費者到店取貨，又會順便逛一下，很可能又看中喜歡的，就一併買走了。這種線上線下整合的行銷模式，既維持住對消費者的吸引力，提升了服務品質，還提高下次購買的機率。網路的資訊快速傳播優勢應該加以利用，但線下的行銷活動也是具有潛移默化的效果的，如果能夠做到線上行銷不動搖，線下口碑齊進行，線上線下相結合，那麼口碑行銷才是長期的、持續的、效果顯著的。

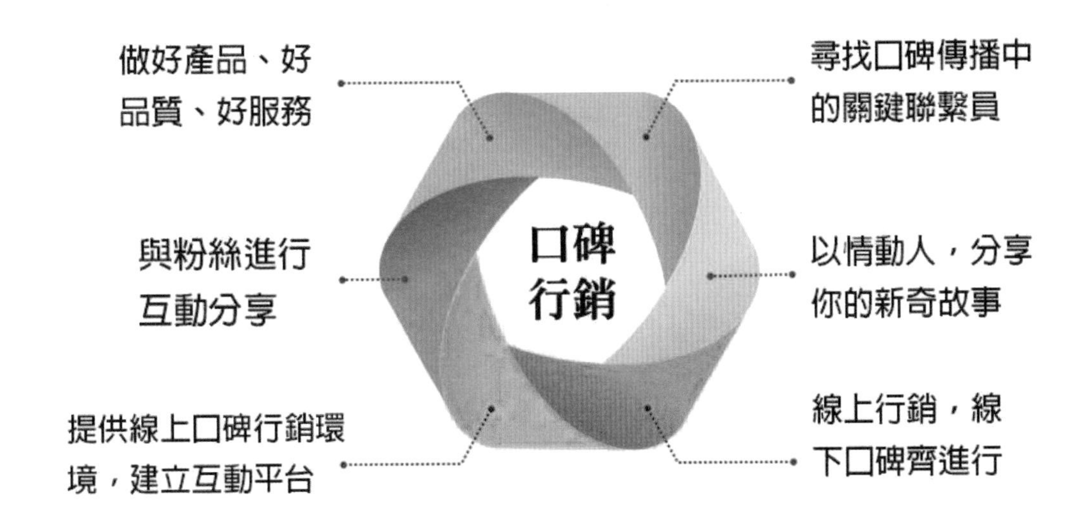
做好產品、好
品質、好服務
尋找口碑傳播中
的關鍵聯繫員
與粉絲進行
互動分享
口碑
行銷
以情動人，分享
你的新奇故事
提供線上口碑行銷環
境，建立互動平台
線上行銷，線
下口碑齊進行

組織行銷：倍增時間與財富

古希臘哲學家、數學家阿基米德有一次與國王下棋，國王輸了，國王問阿基米德要什麼獎賞？

阿基米德對國王說：我只要在棋盤上第一格放一粒米，第二格放二粒，第三格放四粒，第四格放八粒………每一格都是前一格的雙倍，以此類推，按這個倍增的比例放滿整個棋盤的 64 個格子就行。

國王哈哈大笑說：「好！就照你所說的。」當第一排的八個格子放滿時，只有 128 粒米，在場的人都笑了起來，但排到第二排時，嘻笑聲漸漸消失，取而代之的是一連串的驚嘆聲，擺放到最後，眾人大吃一驚！國王本以為要不了多少糧食，結果經計算，要把棋盤上的這 64 格都放滿，米的總數是（2 的 64 次方 -1）精算為 18847440737 09151615，需要大約 1800 億萬粒米，相當於當時全世界米粒總數的 10 倍。這就是被愛因斯坦稱之為「世界第八大奇蹟」的「倍增力量」！就是幾何倍增學的威力！

廣泛運用於社會各個階層的市場倍增學又叫幾何倍增學，應用幾何基數的原理，經由一傳十，十傳百，百傳千，千傳萬的方式，經過幾代傳遞後，就能達到很大範圍的影響，從而達到其他行銷方式所無法匹敵的威力。

這就是為什麼有那麼多人積極熱衷於直銷，在行銷策略中運用倍增的概念，來倍增我們的時間與財富。

將好的銷售者培養成為優秀的經營者，成為倍增的力量。將團隊成員的價值無限放大，讓團隊的力量得到倍增，讓各個成員獲得應有的回報，從而達到整體業績的提升。

關鍵就是要有一個保證百分之百複製的系統，形成可複製經營的事業，但難就難在人是主觀的動物，願意被別人複製，並且又願意去複製別人，這是很大的挑戰。

「為什麼麥當勞、7-11 這麼賺錢？因為他們複製得完全一樣，每一家都一樣。」這是傳統事業複製的標竿模式。

人的事業要 100% 複製是非常難的，但 7-11 與麥當勞之所以能夠成為龍頭，是因為 7-11 在台灣就 100%複製了五千多家的分店，而且每一家分店的商品擺設幾乎都一模一樣，麥當勞也是一樣。由此可見，想要在一個環境當中，快速成功，最快的方法就是要做到百分百複製。於是就要制定統一的培訓課程、視頻及錄音檔，讓每一位成員能迅速消化所有知識和方法。

究竟什麼是「WWDB642」？「WWDB642 系統」源自美商安麗（AMWAY）公司，創始人為 Bill Britt，目前仍與 Amway 集團合作，進行 IBO 的教育訓練！

Bill Britt 是於 1972 年，成為安麗鑽石級直銷商。到了 1976 年，Britt 覺得這樁生意越來越難拓展，六年來，他的下線當中不但沒有新增加的鑽石，無一人能達到他那樣的成果。反而連自己的鑽石寶座都維持得很艱難。他不明白：為什麼我可以做到，而我的夥伴不能？於是，他開始思考問題所在，終於找出突破發展瓶頸的關鍵——「倍增時間開分店」——複製系統（Duplication System）。

為什麼 WWDB642 可以成為卓越系統的代名詞？因為 Bill Britt 以複製倍增的觀念開始運作後，從 1976 年到 1982 年間 Bill Britt 的經銷網中總共產生了 45 位鑽石，而紅寶石的總數將近四千名。這套模式產生了很大的效果，組織成員擴展迅速，目前是美國安麗公司最堅強龐大的組織系統，其系統教育的概念與運作模式，至今仍被公認為傳直銷組織運作中，凝聚力最強、系統運作模式最簡單、最一致之教育系統，在安麗公司中約有六成以上的鑽石級直系直銷商均由此系統而出。可見這樣的方法是被證實為有效的。

為什麼要複製？最主要是減少犯錯試錯的走彎路與無用功，讓團隊能在保持簡單、穩定性高的機制下達到深度發展。

就像麥當勞、7-11 這樣的連鎖事業，就是提供複製「分店」的 know-how 而成功的。後來，這些領導者建立了共識，共同討論並製定了一套成功模式來運作，如此一來每個人說的、做的，都有一致的方向與方法可以遵循。

WWD642 這個系統，就是一個讓團隊、讓組織可以倍增的系統，假如我們 100%完整複製，團隊組織將可以遍地開花發揮團隊倍增的力量！

 什麼是 WWDB642

很多人常問為什麼 6-4-2 系統要叫 642 而不是 246 或 624 ？或其他數字？

這個數字是由直銷商 Bill Britt 所提出的，這三個數字有其來源，它代表的是一個經典的模組——「6-4-2 架構」。

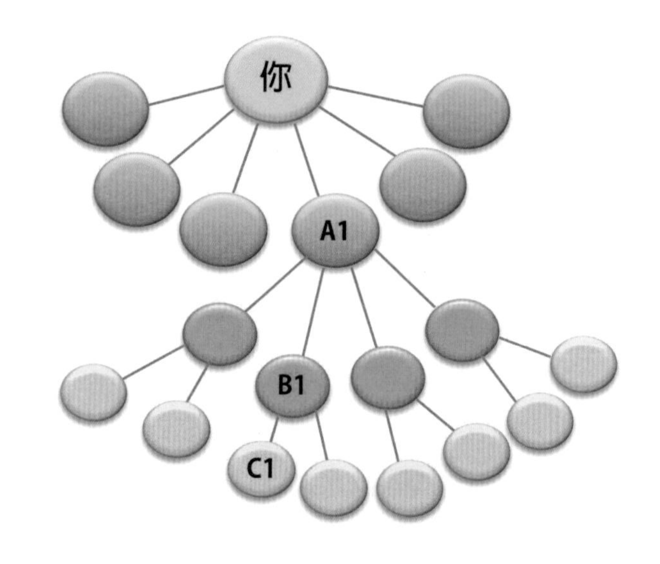

➤ 642系統：核心在「複製」，能讓有心人都變成戰將。

Bill Britt 認為一名領導能力很強的人，輔導下線經營事業、培養如何帶團隊、發展組織，找到適合再發展下一代能複製深度的人選。但在複製過程中不太可能同質複製，多少會打些折扣，於是 Bill Brit 運用數學的公式，模擬了一個「最差」的情況，例如，以你為首，由你而下發展的下線有 6 位事業夥伴（團隊領袖），此為第一代，稱之為 A1、A2、A3、A4、A5、A6；假設第一代的下線經營組織沒有你那麼積極有效果，由 A1 這位事業夥伴為中心而發展的下線只能培養出 4 位事業夥伴（團隊領袖），此為第二代，稱之為 B1、B2、B3、B4；而第二代 B1 的能力有限，培養的下線即第三代只能順利複製出 2 條線持續做組織，即 C1、C2。如此這樣 642 下來，Bill Britt 把這種模式運作稱為「642」。當然這是指「最差的情況」，因為 A1 也有可能發展出不只 4 組的團隊領袖，可能也有 6 組、8 組，甚至更多……，第二代 B1 或第三代 C1 也都可能展得很好，能

培養 4 組以上的下線團隊。

所有的直銷、加盟甚至保險的組織發展都講求「複製」，但人的複製永遠會有遞減的現象，而「642」模擬的就是一個「成功遞減的狀態」，也就是說以這樣複製系統的方法來「做」組織，即使以最差的方式來評估，估計能產生 6*13=78 個經營事業的人。而這 78 人當然也是以「642」為自己組織發展的基礎目標，這樣自然整個組織會超過 78 人，系統就會產生爆發性成長，Bill Britt 就是用這樣的組織架構，創建了萬人團隊，寫下當時直銷界的奇蹟。

Bill Britt 就是體認到傳銷事業中「人的複製性」其難度頗高，組織的擴展不易，而想研擬一套容易複製的 know-how，讓組織的成員容易遵從，便於複製。而他的 642 系統架構，就是在理解了人性，考量到最重要的心理層面問題——「我可以做到，未必你可以達成！」因為每個人的經驗、背景、信心……等都不相同，所以複製的能力無法百分百，而且假如運用的方法又不一樣，產生的結果就會逐漸遞減，這是很合理的推論。

WWDB642 系統的組織是做出來的 !! 從這樣一代傳一代的架構來看，WWDB 642 是著力於組織的深度發展，而非寬度的延伸。「WWDB642」的成功，除了這個有智慧的架構，更重要的是如何達到這個架構的實際運作 know-how，透過上線領導成功經驗的傳承，以達到組織不斷朝下深度開發，深度開發就有機會尋找到「下一代的下線領袖（老鷹）」，而當這隻老鷹習慣學習後，就會接力領導的工作，除了模仿，甚至精進，於是組織大開，創造爆炸性成長。

用系統來賺錢

複製倍增的力量到底有多大呢？倍增的力量＋系統的力量＝指數成長。

如果想讓組織持續成長，又想讓自己享受直銷帶來的財富自由、時間自由，那麼「建立系統」就是最好的方法。

假設你不斷地賣產品，那你就只能一輩子做個銷售員，當然你也許能複製出一批銷售員，但你的組織會成長得很慢;唯有複製系統，你才能真正享受到「錢自動流進來」的生活。

什麼是系統？「系統」主要的意思是由一群百分百複製又志同道合的人聚一起，凝聚成一股很大的力量，自然形成一個磁場，會吸引更多、更好的人才來參與，讓成功再繁衍出更大的成功，積極會再帶動更多的積極。簡單來說，就是靠團隊的力量，透過某種平台（比如說網路）或組織（例如教會、公司……等）把人凝聚在一群，互相合作。建立系統意味著在某一範圍內自己可以制定遊戲規則，自己當頭。從開發、跟進、成交，到輔導，讓複製可以系統化、流程化、自動化，組織成員只要跟著系統的腳步，百分之百的複製，一步一腳印，踏實地去做，組織就能迅速翻倍；唯有透過單一、強大、簡單的教育系統，才能發揮最大的力量！ WWDB642 就是這樣的系統。

WWDB642 是世上最頂尖的架構通路、建立系統的方法，WWDB642 的訓練每個直銷人都該經歷過一次，你才知道什麼叫做真正的團隊，什麼叫做潛能激發，你會在這裡脫胎換骨。

這個系統最強大的不是教你銷售技巧，這個系統的關鍵，是讓你從心底知道自己為了什麼忙，逼著你不斷採取行動，並且打造一個扎實、向心力強的團隊，你不一定會在組織行銷賺大錢，但你可以因為這個訓練而有很大的啟發，獲得終生的正能量。

一個人的事業發展到一定的規模，就需要組建一個團隊來維護，當越多人在複製相同的事，你創造的效益就越穩固。組織行銷真正的重點，不是在你推薦了多少人，而是你複製了多少真正想經營的夥伴，團隊成員之間協同合作、並肩作戰發揮集聚效應，把健康的理念傳遞給更多的人，這是組建團隊組織行銷的根本目的。因此，你完全不需要像業務一樣，為了業績去成交非常多人，你要專注的是輔導真正想經營的夥伴，讓夥伴也有能力複製夥伴。

經營組織行銷，最重要的不是賣產品，而是「傳播觀念」。傳播一種觀念、一種資訊，透過激發潛能與不斷充電，組織成員大家一起吸收專業知識，共同成長。

為什麼經營組織行銷最重要的不是賣產品，而是「傳播觀念」，因為與其去說服別人，不如理清他的觀念，這比什麼都來得有效。所以，任何事情都要從觀念去做切入，畢竟在教導別人當中去成交對方是最能達到事半功倍！

倍增的關鍵在於「組織網」的建立，若能藉由分享及傳播新品體驗、健康觀念、財商知識，來吸引和影響認同這些觀點的人加入你的組織，帶著他們學習、成長，心甘情願地跟著你一同經營組織行銷。

如果只是單純做銷售，沒有更進一步去發展你的團隊，網羅與你志同道合渴望財務自由的成員，沒有去增員，僅透過複製發展系統，以有限的人脈倍增無限的人脈，再透過無限的人脈創造無限的財富，是很難在組織行銷中賺大錢。

《富爸爸．窮爸爸》系列書裡提到一個很重要的觀念，那就是富人們之所以有錢，關鍵在於建立「系統」，如果你希望、渴望得到真正的財富自由，那你就要問自己一個問題——當你建立起團隊後，你的團隊是否能夠「自動化運作」？因為一個能夠自動化運作的團隊，才能真正讓你有時間去享受生活、陪伴家人並且完成夢想，而倍增系統就提供你一個自動化運作的系統平台。

你和潛在夥伴溝通的重點不再是「產品」，而是「複製成功」與「倍增」模式，是商品所帶來的「商機」，是「賺錢機會」，是透過改變人生選擇所帶來的夢想和願景。

當新夥伴加入後，一開始就讓他們有明確的方法和步驟，讓他們能快速進入狀況、步上正軌賺上錢，Step by Step 教授如何透過 WWDB642 系統，簡單、快速、自動化。如此一來組織的倍增力量才有辦法有效發揮，不用再花太多寶貴時間去輔導、教育夥伴，因為大部分的訓練，系統都替我們解決了。

有自動化收益支撐生活，讓你可以不必為生活開支而煩惱，只要控制好風險和開支，你就可以去做自己喜歡的事。而這又和你有多少錢並沒有關係，只要被動收入 ≥ 生活支出，就達到了財務自由。

 WWDB642如何運作

WWDB642 最厲害的不只是做傳直銷，其終極目標在創造一個屬於自己的事業系統，這套複製系統也適合用在建立有核心價值的傳統產業。而我自己也是靠著這套複製系統，創造萬人團隊，受惠於這套系統。這個系統不是在打人海戰術，而是腳踏實地去複製人，能真正讓一個平凡人學到系統的精髓進而做到高階。其最大的特點是可以讓一些後來才加入的人，有脈絡可循，不論何時何地，都能讓一個平凡、沒經驗的人能運作成功的模式。

團隊的成功歸結於系統的三大「法寶」——人、集會、工具。其核心在於：利用簡單有效的工具和方法，經由集會訓練和團隊表彰、激勵，維持緊密的上下線關係，有暢通的溝通與諮詢管道，進而改變自己並影響他人。

WWDB642 運作的特點如下——

1 直接推薦的第一代並不多

642 的運作偏向於做深度而非強調寬度，有深度當然事業發展就比較穩定，就不需要很有壓力地去推薦一大堆人。將下線的寬度控制在 6 個，為的是能將時間及精力

花在照顧下線，以期讓每條線都能深度發展，因為下線體系穩定發展，生意自然就穩了。

通常我們開始做直銷生意時，當然是先從自己的人際關係發展起來，就推薦幾個朋友進來，照 642 系統的做法，是個人每星期皆有七天或七個晚上的時間，平均每一條線分給他一個晚上的時間正好。一條線深度一直做下去，當有三個真正的複製者，這條線便算是經營成功了，若是下線能一直獨立作業，那麼做上線的你當然就輕鬆多了。這種身體力行的示範，還能讓你贏得下線的友誼，形成穩固的情誼，變成生命共同體。

2 組織發展不追求人多，而在於「精」

642 系統的經營者通常很會「看人」，經由短時間內的觀察與相處就能看出這個人是只能做消費者？還是能提升為事業夥伴做個經營者，因為 WWDB642 是有一套方法來過濾或篩選下線的：利用①工具②集會③上線，經過一段時間就可以知道這個人的動向和意願。之所以這樣重質不重量，就是為了有效複製和傳承。

3 業績開始的時候不會特別大，但體系很穩定

因為 WWDB642 的重點是在複製，主要是培養團隊，所以剛開始學習是佔了大部分，以 642 的上線領導人來說，前期是需要花時間來培養和訓練的，自然就佔用到銷售的時間，但總體來說，到後來個人的組織網及業績雖然未必特別大，但都是呈穩定發展的。

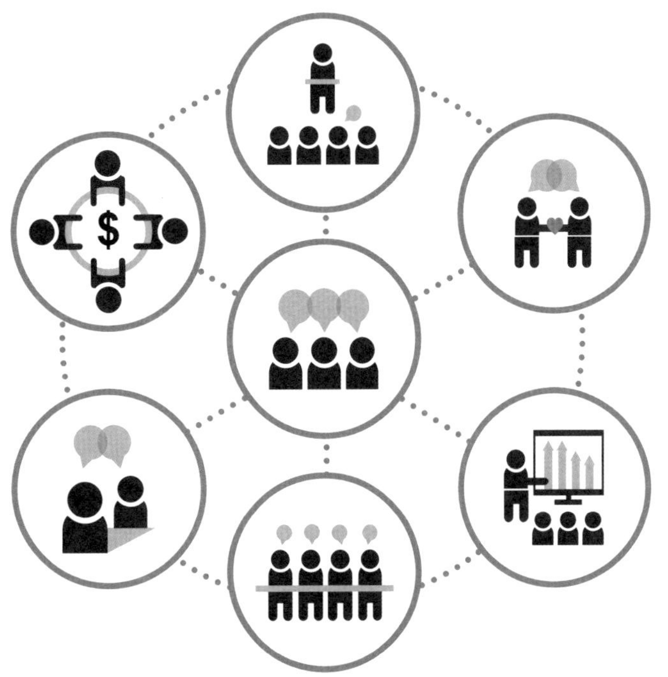

B&U642，改寫你的財富未來式！

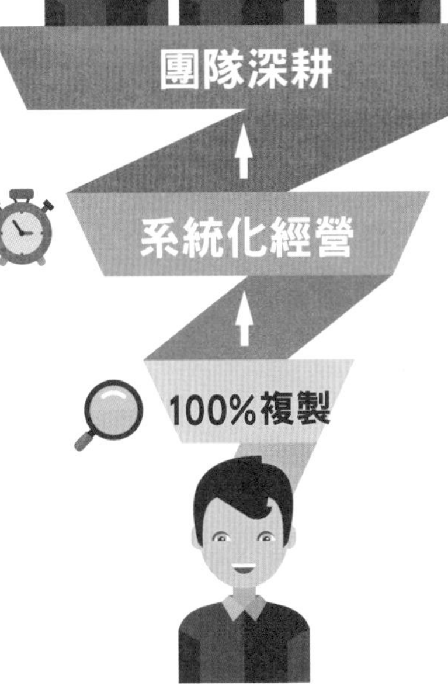

★642系統已創造了無數個億萬富翁！
它樸實無華，看似平凡無奇，卻蘊含極大能量！

★您的時間有投在對的平台上嗎？
同樣的努力、同樣的時間，創造的價值可能差十萬八千里。
懂得借時代之勢，借平台之勢，個人的力量才會被放大。

★一個好平台＋一套自動模式＋全球最佳的導師
100%複製、系統化經營、團隊深耕，讓有心人都變成戰將！

加入BU642，翻轉你的人生下半場！——

- 一年財務自由，兩年財富自由，三年翻轉ESBI 象限賺大錢。
- 做一個卓越的A^{+++}領導者，建立一支高效的萬人或千人團隊。
- 正統642→幫助你創造自動化賺錢系統，過著有錢有閒的自由人生。

成功激勵・專業能力・高端人脈，一石三鳥的落地課程！
全面啟動財富新磁場!! ▶▶▶

課程詳情・報名・開課日期請上 魔法講盟 官網查詢

新・絲・路・網・路・書・店
silkbook○com

Speak Up, Show Up, and Stand Out
斜槓職涯新趨勢——
超級好講師，徵的就是你！
最好的斜槓就是當講師
★ 你渴望站在台上辯才無礙，為自己創造下班後的斜槓收入嗎？
★ 你經常代表公司進行一對多教育訓練，希望能侃侃而談並成交客戶嗎？
★ 你自己經營個人品牌，卻遲遲無法跨越站上舞台的心理障礙嗎？
★ 你渴望站在台上發光發熱，躍升成為眾人矚目、受人景仰的專業講師嗎？
★ 你想以講師之姿，跨入兩岸多地的培訓市場，利用年假賺人民幣並順便壯遊嗎？
不論您從事任何行業，都應該了解海軍式的會議營銷技巧，以講師斜槓幫助本業！

培訓對象

- ★ 正在經營個人品牌的部落客、KOL、創業家
- ★ 擁有講師夢的人
- ★ 已有演講經驗，想要精進技巧的人
- ★ 沒有演講經驗，想跨出第一步的人
- ★ 想擁有下班後第二份收入的人
- ★ 想提升表達技巧者
- ★ 教育訓練及培訓人員
- ★ 企業主管與團隊領導人
- ★ 對學習講師技巧有興趣者
- ★ 有志往專業講師之路邁進者
- ★ 本身為講師卻苦無舞台者
- ★ 不畏懼上台卻不知如何招眾者
- ★ 想營造個人演說魅力者
- ★ 想成為企業內部專業講師
- ★ 想成為自由工作的明星講師
- ★ 未來青年領袖
- ★ 想開創斜槓人生者

魔法講盟開辦一系列優質課程，給予優秀人才發光發熱的舞台，週二講堂的小舞台與亞洲八大名師或世界八大明師盛會的大舞台，您可以講述自己的項目或是魔法講盟代理的課程以創造收入，協助超級好講師們將知識變現，生命就此翻轉！

開課資訊

上課地點

新北市中和區中山路二段 366 巷 10 號 3 樓　中和魔法教室

上課時間（全年課程只收一次場地費 100 元！ CP 值全國最高！）

3/20（五）晚 晴天（出書出版）	3/27（五）晚 宥忠（區塊鏈賦能）	4/14（二）晚 晴天（賺錢機器）	4/24（五）晚 晴天（密室逃脫）	4/29（三）晚 Jacky(超級好講師）
5/15（五）晚 宥忠（區塊鏈創業）	5/22（五）晚 晴天（出書出版）	5/29（五）晚 晴天（賺錢機器）	6/23（二）晚 宥忠（區塊鏈證照）	6/30（二）晚 晴天（密室逃脫）
7/10（五）晚 Jacky(超級好講師）	7/24（五）晚 晴天（出書出版）	8/28（五）晚 晴天（密室逃脫）	9/8（二）下午 宥忠（區塊鏈賦能）	9/22（二）晚 晴天（賺錢機器）
11/10（二）晚 Jacky(超級好講師）	2021/1/12（二）晚 宥忠（區塊鏈創業）	4/13（二）晚 晴天（賺錢機器）	7/13（二）下午 宥忠（區塊鏈證照）	10/26（二）晚 Jacky(超級好講師）
12/14（二）晚 宥忠（區塊鏈賦能）	★下午課程 13:50 ～ 18:00		★晚上課程 18:30 ～ 20:30	

每堂課的講師與主題不同，建議您可以重複來免費學習，更多課程細節及明確日期，

請上新絲路官網 新・絲・路・網・路・書・店 silkbook ○ com www.silkbook.com 查詢最新消息。

魔法講盟 • 專業賦能，

超級好講師，真的就是你！